부모라면
그들처럼

아이를 1% 인재로 키운
평범한 부모들의 특별한 교육법

부모라면
그들처럼

● ◆ ▲ ■

김민태 지음

21세기북스

어떤 부모가
될 것인가?

성공한 사람들의 이야기를 들
으면 입이 벌어질 만큼 놀라운 동시에 이런 생각도 든다. '어째서
세상 운은 다 저들 차지인 걸까?'

사소한 실천으로 인생을 변화시키는 '한번 하기의 힘'을 다룬 전
작, 『나는 고작 한번 해봤을 뿐이다』를 집필하면서 그간의 궁금증
을 어느 정도 풀 수 있었다. 그들도 시작만큼은 미비했다. 대단한
재능이 있어 보이지도 않았다. 다만 그 자리에서 할 수 있는 일을
했을 뿐. 운은 언제나 행동하는 사람의 편이라는 진리를 그들은 몸
소 보여주었다.

하지만 그것만으로는 갈증이 채워지지 않았다. 그들에게 남들이

모르는 성공 요인이 더 있지는 않을까. 닥치는 대로 자료를 긁어모 았다. 위인전과 평전은 물론 인터뷰, 신문기사, 때로는 직접 기고한 글까지. 그 숱한 자료들 속에서 자주 등장하는 인물이 있음을 발견 했다. 바로 유년기와 청소년기에 영향을 끼친 부모들이었다. 그중 에서도 몇몇은 자신의 부모에 대해 상당히 비중 있게 언급한다.

어머니는 늘 말씀하셨습니다. "네가 그 사람의 입장이라고 생각해봐 라." 어린 시절 그 간단한 개념을 제대로 이해했을지는 잘 모르겠지 만, 그 말은 항상 내 머릿속에 남아 있었습니다.[1]

_버락 오바마(전 미국 대통령)

변덕쟁이였던 나에게 조금도 강요하거나 명령하지 않은 부모님이야 말로 나의 가장 위대한 선생님이었습니다.[2]

_보리스 파스테르나크(『닥터 지바고』의 저자)

〰️ 특별함과 부족함, 그 사이의 부모

그렇다면 성공한 그들의 부모는 모두 훌륭한 사람들이었을까. 그들 의 부모를 하나로 묶을 수 있는 공통점이 있을까. 나의 두 번째 의 문이었다.

한 사람이 성장하며 성공에 이르기까지에는 부모 말고도 무수히 많은 변인이 존재한다. 남다른 재능을 길러준 선생님이나 어려울 때 힘이 되어준 친구처럼 타인과의 좋은 관계일 수도 있고, 사람을 강하게 만드는 역경이나 우연찮게 찾아온 기회일 수도 있다. 성공한 사람들의 부모라고 해서 이런 다양한 요인들을 누를 만한 보편적인 공통점을 가지고 있지는 않았다.

예를 들어 『대지』의 작가 펄 벅이 전쟁고아들을 위해 재단을 설립하고 스스로 많은 아이의 양어머니가 된 것은 어린 시절의 경험과 관련이 있다. 선교사인 아버지는 너무 바빴고 부모 간에는 거의 대화가 없었다. 펄 벅은 제대로 재능을 펼쳐보지 못하고 산 어머니의 삶을 답습하고 싶지 않았다. 그런 생각들이 그녀를 작가의 세계로 이끌었다.

과연 펄 벅의 부모가 특별한 능력을 가졌다거나 자식에게 좋은 영향을 끼쳤다고 볼 수 있을까. 아니면 자식의 재능을 알아차리지 못했다고 핀잔받아야 마땅할까.

대부분의 부모들은 펄 벅의 부모처럼 어떤 면에서는 훌륭하고 어떤 면에서는 조금 부족한, 그 중간 어딘가에 존재한다.

그러나 자식이 부모에게 좋은 영향을 받은 게 분명하다고 말한다면 이야기는 달라진다. 그들이 직접 밝히는 이야기에 조금 더 귀를 기울여보자.

아버지가 내게 끼친 영향에 대해서는 아무리 감사의 마음을 가져도 부족할 따름입니다.[3]

_스티브 워즈니악(애플 공동 창립자)

저는 키도 작고 못생긴데다 어려서부터 구루병을 앓아 체구가 왜소하고 등이 굽었습니다. 다행히 저는 아버지로부터 좋은 영향을 많이 받았어요. 아버지의 말씀은 인생철학이 되었습니다.[4]

_알프레드 아들러(심리학자)

아버지, 다음에 누군가 아버지에게 진짜 그 빌 게이츠가 맞는지 물어보면 "그렇다"고 대답하시기 바랍니다. 아버지는 또 한 사람의 빌 게이츠가 간절히 되고 싶어 하는 모든 걸 갖추신 분이니까요.[5]

_빌 게이츠(마이크로소프트 창립자)

이들은 한결같이 "제가 잘된 것은 다 부모님 덕분이에요"라고 말하는 듯하다. 듣기만 해도 기분 좋아지는 말 아닌가. 자녀의 성장에 긍정적인 역할을 한 중요하고도 특수한 타인, 그것이 바로 우리가 원하는 부모의 길이 아닐까.

이 책에서는 이렇듯 부모에 대한 '감사'를 공개적으로 표현한 자녀를 주요 대상으로 삼았다. 부모 스스로 밝히는 양육 이야기보다 성공한 자녀가 직접 밝히는 감사의 이유를 더 신뢰할 수 있다고 생각해서다. 부모가 직접 "나는 아이를 이렇게 키웠다"라고 말하는 것보다 훨씬 편견이 적고 객관적이기 때문이다.

아이를 큰 인물로 키우는 것만이 부모의 성공이라고 말할 수는 없을 것이다. 하지만 평범한 아이가 큰 인물로 성장하기까지의 과정, 그 시기의 어디쯤에 존재하는 부모 그리고 부모에 대한 감사를 강조하는 자녀. 이 사이의 함수관계를 살펴보는 일은, 부모로서 내 아이를 어떻게 키울 것인가에 대한 시사점을 얻는 여정이 될 것이다.

〜〜〜 아이의 잠재력을 깨운 평범한 부모들의 이야기

위대한 인물들에게도 불우한 시절은 있었고, 그들 또한 처음부터 탁월한 능력을 보이지는 않았다. 그들에게 좋은 영향을 끼친 부모 역시 스스로를 평범한 부모라고 말한다.

가령 스티븐 스필버그의 어머니는 "어쩌면 나는 아들을 방관한 거나 마찬가지"라고 말하기도 했다. 스티브 워즈니악이 더할 나위 없이 감사해하는 아버지 역시 무언가 가르쳐줄 때면 매우 심드렁했고, 진로와 관련해 별다른 조언도 하지 않았다. "내 인생은 부모님의 결과물"이라고 말하는 가수 제이슨 므라즈의 아버지는 공사장을 전전하는 하층 노동자였는데, 평생 자식에게 한 의미 있는 조언이라고는 "네가 하고 싶은 일을 하길 바란다"는 게 전부였다.

이 책에는 출중하지 않아도 또는 악조건 속에서도 아이의 잠재력을 깨운 평범한 부모들의 이야기가 담겨 있다. '보이지 않는 선생님'이 된 이들의 이야기를 통해 부모에게 진정 필요한 덕목이 무엇인지 해답을 찾고자 했다. 특히 숨은 재능을 일깨운 부모와 자식 간의 상호작용에 집중했고, 그 결과 다음 두 가지 키워드를 찾아냈다.

〰 인간의 욕구에 집중하면 아이의 재능이 깨어난다

첫 번째 키워드는 '잠재력'이다. '인간의 잠재력은 어디까지인가?'라는 질문은 학자들 사이에서 여전히 논쟁 중이다. 대표적으로 '유전 대 환경' 논쟁은 수천 년간 이어져왔다. 유전주의자들은 타고난 재능에, 교육자들은 환경에 방점을 둔다. 나는 환경 쪽에 손을 들고 이 책을 쓰기 시작했다. 많은 이들이 말하는 실증 사례 때문이다. 과학자보다는 교육자의 관점으로, 교육에서 시사점을 찾자는 게 이 책의 기획 의도다.

등장하는 인물들은 '모두' 앞날이 막막하거나 별 볼일 없는 시절을 거쳤다. 의도적으로 방향을 정해놓고 자료를 조사하지는 않았다. 오히려 어려서부터 탄탄대로였던 경우를 찾는 일이 훨씬 어려웠다. 그들의 존재는 인간의 무한한 잠재력을 증명하는 강력한 증거다. 과연 인간의 성장에서 고정된 것 혹은 필연이라고 부를 만한 게 얼마나 있을까. 이 책을 통해 아이의 잠재력에 대한 믿음이 높아졌다면 나의 목표는 일단 달성한 셈이다.

이 책에서 풀어낼 두 번째 키워드는 '욕구'다. 우리의 잠재력을 깨우는 것은 욕구다. 잠재력이 엔진이라면 엔진을 일하게 만드는 연료가 바로 욕구다. 이 연료는 인간이라면 누구나 가지고 있으며, 다만 사람마다 크기가 다르다. 왜 그런 차이가 생기는지는 본문에서 자세히 살필 예정이다.

이론의 근거는 대표적인 현대 동기 이론으로 손꼽히는, 에드워드 데시 교수의 '자기결정성 이론'을 활용했다. 자율성, 유능성, 관계성의 세 가지 보편적 심리로 요약되는 이 이론은 수십 년간 사회 각 분야로 뻗어나가고 있다.

인간이라면 가지고 있는 욕구를 중요한 위치로 올려놓는 일은 잠재력 개발에 필수다. 사람들은 흔히 자신을 가리켜 이렇게 말한다. "나는 누가 이래라 저래라 하는 걸 싫어하는 편이야."(자율성), "나는 무언가에 꽂히면 한동안 몰입하는 성향이 있어."(유능성) 그런가 하면 인생에서 가장 기억에 남는 사람이 누구냐고 물어보면 이렇게 답한다. "내가 방황할 때에도 곁을 지켜준 가족과 친구들이 떠올라."(관계성) 자신을 사랑하고 믿어주던 사람을 꼽는 것이다.

자율성은 자기 스스로 결정하고 행동하려는 욕구다. 욕구 중의 으뜸이라고 할 수 있다. 유능성은 어제보다 성장하고자 하는 욕구이며, 관계성은 남들과 잘 지내고 싶어 하는 욕구다. 이 세 가지 욕구는 누구에게나 있다. 인간이라는 존재의 고유성은 결코 보편성이라는 울타리를 넘지 않는다. 다양한 사례를 조사하며 얻은 기쁨이 있다면 이런 보편성의 발견이다. 인간의 무한한 잠재력은 바로 인간이기에 누릴 수 있는 특권이다.

진리는 아이러니하게도 사람들이 흔히 하는 말에 있다. 가령 '네가 좋아하는 일을 하라'는 말은 다소 진부하게 느껴지지만 수천 년간 이어져온 격언이다.

관찰자로서, 이야기꾼으로서, 진실의 추적자로서 뻔함을 뻔하지 않게 증명하는 일이 나의 미션이라고 생각한다. 부모의 역할과 영향력에 대해 막연히 가졌던 생각에 어느 정도 근거를 제공할 수 있다면 미션 성공이다. 이제 본격적으로 여행을 떠나보자.

2018년 2월
김민태

1부

아이의 무한 잠재력을 깨우는
3가지 심리 욕구에 주목하라!

3부

❷ 자율성 욕구

강요하지 마라!
: 아이들은 결정한다, 고로 존재한다

4부

❸ 관계성 욕구

초심으로 돌아가라!
: 다만 믿고 사랑하고 기다린다

아이의
무한 잠재력을 깨우는
3가지 심리 욕구에
주목하라!

타고난 재능,
어디까지 믿어야 할까

태어난 지 3년이 되면 아이들은 발달의 전환기를 맞는다. 언어, 신체, 감정 조절, 타인의 마음 읽기 수준이 비약적으로 높아지며, 그동안 자녀를 아기라고 여겼던 부모를 수시로 놀라게 한다. 우리 나이로 5세. 대부분의 아이들은 유치원에 다니기 시작한다

이때는 자연스럽게 학습에 눈을 뜨는 시기이기도 하다. 부모 역시 자연스럽게 아이의 미래에 눈을 뜬다. 진짜 부모 노릇은 이때부터다. 자녀를 무엇이든 잘하는 아이로 키우고 싶은 '마음'을 마치 속물인 양 비난하는 사람이 있다면, 그는 부모가 되어보지 않은 사람일 것이다. 미래는 알 수 없어도 우리 아이만큼은 잘해냈으면 하는 게 평범한 부모들의 바람 아니겠는가.

이때가 되면 아이들이 세상에 갖는 호기심만큼 부모들도 끝없는 질문을 하기 시작한다. 우리 아이에게 타고난 재능이 있을까? 커서 어떤 사람이 될까? 평범한 사람이 될까? 세상을 바꾸는 사람이 될까? 아니면 그 중간 어디쯤에 있을까?

타고난 재능이 없다면

1년에 약 1억 3000만 명이 우리가 살고 있는 지구에 얼굴을 알린다. 매 초 4명, 하루에 무려 35만 명이나 된다. 내 아이도 이 거대한 무리 가운데 하나다. 세상에 평범한 아이란 없다고 하지만 가늠조차 어려운 숫자를 직면하노라면 허황된 꿈을 좇는 것은 아닌가 하는 생각도 든다.

실제로 훗날에 아인슈타인이 되고, 피카소가 되고, 모차르트가 되고, 오바마가 되는 아이들은 극소수다. 계절 변화의 순리처럼 이에 대해 의심할 사람은 없다.

그런데 왜 '어떤 아이들'은 그 극소수의 인물로 자라날까? 이 지점에서 부모라면 지나칠 수 없는 호기심이 생긴다. 그 아이들에게는 정말 타고난 '재능'이 있었을까?

먼저 신이 준 재능을 지니고 태어났다고 일컬어지는 아이들, 즉 신동에 대해 이야기해보자. 그중에서도 모차르트는 으뜸 중의 으뜸이다. "모차르트는 머릿속에서 작곡을 끝냈기 때문에 다른 음악가들과 다르게 악보가 깨끗했다." "바이올린이 8분의 1음 정도 낮게 조율된 걸 알아차렸다."

어린 모차르트에 대한 찬사는 셀 수 없을 정도다. 다만 사실 관계가 확인되지 않은 이야기들도 많다 보니 모두 믿기는 어렵다.[1]

모차르트의 아버지 레오폴트 모차르트(Leopold Mozart)는 아들에 대해 이런 기록을 남겼다. "다섯 번째 생일을 하루 앞둔 1761년 1월 26일 저녁 9시 30분, 미뉴에트와 트리오를 30분 만에 다 익혔다."

모차르트는 3세 때 누나가 배우고 있던 피아노곡을 바로 쳐내며 일찌감치 재능을 드러냈다. 그의 아버지는 궁정음악가라는 경력도 포기한 채 아들의 매니저로 나섰다. 모차르트가 6세 되던 1762년부터 10년 동안 그들은 해마다 유럽의 국경을 넘었다.

어느 나라를 가든 어린 모차르트는 화제를 뿌렸고, 30대에 접어들면서부터는 '지난날의 어떤 인물도 능가할 수 없다'는 최고의 평가를 받는다.

'세상을 바꾼 위대한 음악가'인 모차르트에게 만약 '타고난 재능'이 없다면 어땠을까? 이런 도전적인 질문이 나온 것은 최근 일이다.

'1만 시간의 법칙'으로 유명한 심리학자 앤더스 에릭슨(K. Anders Ericsson)은 천재 음악가의 신화에 흠집을 낼 만한 의문을 제기한다.

"정말 타고난 절대음감이 있을까요?" 많은 사람들은 절대음감을 천부적 재능의 정점으로 여긴다. 그러나 그는 다음 두 가지 점에서 생각해볼 거리를 던진다.

첫째, 절대음감이 아주 어린 시기에 음악 교육을 받은 사람들에게서만 나타나는 이유는 무엇인가?

둘째, 절대음감은 왜 중국어와 같은 '성조' 언어 사용자에게서 빈번하게 나타나는가?

이 두 가지 사실은 타고난 영역이 아닌 환경의 문제다. 그렇다면 절대음감은 노력하면 가능하다는 이야기일까? 일본의 심리학자 사카키바라 아야코(榊原彩子)는 2~6세 사이 어린이 24명을 대상으로 실험을 했다. 아이들로 하여금 도쿄의 음악 학교에서 하루에 몇 분씩 피아노 음을 식별하는 교육 프로그램을 이수하게 했다. 그리고 1년 반의 시간이 흘렀다.

그 결과 놀랍게도 연구에 참여한 모든 아이가 절대음감을 갖게 됐다. 그중 일부는 1년도 걸리지 않았다. 아야코는 1만 명 중 한 명만 타고난다는 절대음감이 후천적인 노력으로 만들어질 수 있다는 사실을 증명해냈다. 적절한 환경과 훈련이 수반되면 거의 모든 사람이 절대음감에 도달할 수 있다는 강력한 증거였다.[2]

신동을 만들어낸
모차르트의 아버지

〜〜〜〜〜〜

사카키바라 아야코의 실험 결과를 염두에 두고 다시 모차르트 이야기로 돌아가보자. 모차르트는 여느 음악가와는 남다른 환경에서 자랐다. 아버지는 작곡가이자 궁정 악단의 부악장이었다. 그 덕에 집에는 거의 모든 악기가 있었다. 아들만큼 유명하지는 않지만 『바이올린 연주법』이라는 책을 쓸 정도로 꽤나 알아주는 교육자였다.

모차르트에게 아버지는 교사이자 매니저였다. 그들 사이에 오간 대부분의 대화는 음악적인 것들이었다. 아버지의 질문은 늘 음악으로 향해 있었다. 아버지는 아들이 음악이 아닌 다른 데 관심 갖는 것을 허용하지 않았다. 그로 인해 모차르트는 평범한 어린이들만의 특권을 누리지 못했다.

아버지에게 시간은 곧 돈이었다. 눈보라가 휘몰아쳐도 마차를 몰았다. 여행은 즐거움을 주기도 했지만 고된 일에 더 가까웠다. 10세도 안 된 아이는 누나와 함께 덜컹거리는 좁은 마차에 앉아 수십 시간을 달려야 했고, 몇 달이 걸리는 출장도 견뎌야 했다. 그런 강행군 속에서 건강에 문제가 없으면 오히려 이상한 일이었다. 아이들은 긴 여정에서 천연두를 포함해 당시 퍼져 있던 온갖 질병을 앓았으며, 늦은 시간까지 계속되는 공연으로 걸핏하면 지쳐 나가떨어졌다. 전문가들은 모차르트의 이른 죽음에 가혹한 스케줄이 어느 정도 영향을 끼쳤으리라고 입을 모은다.

천재라는 만들어진 신화

이번에는 절대음감의 또 다른 신화 베토벤에 관한 이야기다. 베토벤 역시 어릴 때부터 유능한 음악가로 인정받은 인물이다. 궁정의 테너로 활약했던 베토벤의 아버지 요한 베토벤(Johann van Beethoven)의 꿈은 베토벤을 제2의 모차르트로 만드는 것이었다. 모차르트의 아버지처럼 신동이라는 이슈를 앞세워 돈을 벌어보고 싶었던 것이다.

아버지의 교육은 거의 학대 수준이었다. 베토벤은 4세 때부터 매일 8시간씩 피아노와 바이올린을 연습했다. 아버지는 자고 있는 아들을 깨워 아침까지 피아노를 치게 하기도 했다. 연주가 마음에 들지 않으면 즉시 매를 들었고, 어떤 날은 지하실에 가두기까지 했다. 음악에만 집중하라며 11세 무렵에 학교를 자퇴시키는 바람에 베토벤은 평생 산수도 제대로 하지 못했다.

베토벤과 모차르트의 어린 시절에는 크게 두 가지 닮은 점이 있다.

첫째, 일반인의 상상을 뛰어넘는 강도 높은 조기 교육을 받았다.

음악사에서 이보다 격렬한 훈련을 오랫동안 꾸준히 받아 온 사람은 없었다. 냉정히 말해서 두 음악가는 어릴 때부터 아버지의 엄격한 음악 교육에 의해 '키워진 신동'이었다.

둘째, 베토벤과 모차르트의 아버지 모두 수준 높은 음악가이자 교육자였다. 아버지가 과외 교사처럼 매일 얼굴을 마주하고 직접 아이를 가르쳤다. 18세기에 이런 특혜를 누릴 수 있는 사람이 얼마나 있었겠는가.

과연 이들을 타고난 천재라고 부를 수 있을까? 모차르트의 초기 작품이 비범하지 않다는 것은 노력의 중요성에 대한 또 다른 시사점이기도 하다. 모차르트는 35년이라는 짧은 생애 동안 600편이 넘는 작곡을 했는데, 후기로 갈수록 작품의 완성도가 높다. 그의 가장 빛나는 작품은 후기인 20대에서 30대에 만들어진 것들이 대부분이다.

모차르트 자신도 이런 사실을 부정하지 않았다. 그가 아버지에게 보낸 편지들 가운데 이런 내용이 있다. "사람들은 내 예술이 쉽게 만들어진다고 오해하고 있습니다. 그 누구도 나만큼 작곡하는 데 많은 시간을 보내고, 작곡에 대해 많이 생각하지는 않을 것입니다. 내가 연구하지 않은 음악의 거장은 아무도 없습니다."[3]

세간의 평가와 달리 모차르트는 자신의 성취가 상당 부분 노력에서 빚어진 것이라고 고백한다.

모든 인간이
지닌 재능

사람들은 흔히 자신에게 없는 뛰어난 재능을 가진 사람을 보면 주저 없이 그를 천재라고 말한다. "타고난 게 분명해." "어머니의 재능을 물려받은 거야." "농구를 할 수밖에 없는 운명이야." 이런 말을 듣는 천재들은 우리 주위에 수없이 많다. 아무 포털 사이트나 들어가서 '천재'라는 키워드를 입력해 보라. 셀 수 없이 많은 천재들의 목록이 뜰 것이다.

천재에 대한 우리의 믿음은 너무도 강력해서 따지고 말고 할 것도 없다. 한마디로 '그냥' 그런 거, '원래' 그런 거다. 왜 이런 믿음이 수천 년간 지속되어 왔을까? 거기에는 두 가지 이유가 있다고 생각한다.

첫째, 사람들은 영웅과 천재 이야기를 좋아한다. 사람들은 어떤 일이든 막힘없이 쉽게 해결하는 그들을 보면서 대리 만족이라는 쾌감을 느낀다. 이런 심리를 잘 아는 작가들은 첨삭을 통해 은연중에 사실을 과장하거나 왜곡시킨다. 모차르트 일화 가운데 확인되지 않은 이야기가 꽤 많은 것도 그런 이유 중 하나이리라.

둘째, 천재의 존재는 나의 부족한 부분을 아주 쉽게 메워준다. '난 천재가 아니니까'라고 단정 짓는 순간 마음이 편해지면서 그들을 목표로 삼을 이유가 사라진다. 내가 부족해서가 아니라 그들이 넘볼 수 없는 능력을 가지고 태어나서라고 생각하기 때문이다.

이야기꾼들은 재미를 위해 사실을 과장하기도 한다. 하지만 대상이 역사적 인물이라면 신중해야 한다. 거장이라 불리는 사람들이 그 자리에 오르기까지의 여정을 노력이 아닌 운명이라고 단정해버린다면 그들의 노력을 폄하하는 것이 될 테니 말이다.

실제로 거장들은 언제나 노력을 강조한다. 절대음감 실험을 통해서, 또 후대에 등장한 뛰어난 음악가들이 계속해서 증명해보이듯이 모차르트와 베토벤은 더 이상 '먼 곳의 이상향'이 아니다.

천재에 대해 문제 제기를 한 앤더스 에릭슨은 오히려 '절대음감을 발전시킬 수 있는 능력'이 타고난 재능이라고 정의한다. 그리고 모든 인간은 이런 재능을 가지고 태어났다고 말한다. 이는 타고난 재능에 대한 부정이 아니라 과장에 대한 부정이며, 인간 잠재력에 대한 무한 긍정이다.

독일의 저널리스트인 크리스토프 드뢰서(Christoph Drösser)는 음악에 대한 연구물을 다각도로 고찰한 후 『음악 본능』이라는 책을 펴냈다. 이 책에서 그는 "모차르트 음악의 성숙기를 21세라고 볼 때, 과할 정도의 조기 교육과 피나는 연습에도 불구하고 오히려 뒤늦게 성과를 낸 것이 아닌가"라고 반문한다. 그러면서 "누구에게나 음악성이 있다"고 결론 내린다.[4]

『우리 안의 천재성』의 저자이자 저널리스트인 데이비드 셍크(David Shenk)는 오랫동안 천재를 만나 취재하고 연구해왔다. 그는 유전과 환경을 가산적(유전+환경) 관계가 아니라 상호적(유전×환경) 관계로 도식화한다. 곱하기는 더하기가 따라갈 수 없는 거대한 수를 만들어낸다. 환경, 즉 노력이 훨씬 더 중요하다는 뜻이다.

　정리하면 타고난 능력에 대한 온갖 이야기는 매우 부풀려져 있다. 이와 관련된 믿음도 점차 많은 과학적 증거들에 의해 하나씩 깨지고 있다. 재능은 고정된 '결과'가 아니라 변화하는 '과정'이다. 따라서 자신의 능력을 한계 짓지 않는 새로운 시각이 필요하다. 그 출발은 인간의 무한한 잠재력을 인정하는 데서부터다.

자신을 발전시키는 능력

　　　　　　　　　　　　　　"남자들은 손이 다 따뜻해?"
아이가 만 4세 무렵이던 어느 날, 내 손을 잡더니 불쑥 묻는다. 순간 깜짝 놀랐다. 말을 또박또박해서 그렇기도 했지만 아이의 논리적 추론 때문이었다. 아이는 할아버지 손을 잡은 '경험'과 아빠 손을 잡은 경험 간의 동질성을 발견하고 '남자'라는 공통분모로 묶어냈다. 아직 언어도 완성되지 않은 아이의 말이라고는 믿겨지지 않았다.

　아이들이 생각보다 많은 것을 알고 있다는 사실을 부모들은 경험으로 깨닫는다. 동시에 '혹시 우리 아이가 천재는 아닐까?' 하는

17개월(510일)

아이: 물주아(물줘), 코다(코자), 아포(아프다)… 말문이 터졌다. 하루가 다르게 셀 수 없이 많은 단어를 쓴다.

아빠: 언어 능력이 남들보다 뛰어난 것 아닌가!

학자: 18개월 무렵 '누구에게나 찾아오는' 언어 폭발의 시기다.

22개월(660일)

아이: 그림을 그리던 아이가 색연필 뚜껑을 검지에 끼더니 "우산!"이라고 외친다.

아빠: 어쩌면 이렇게 창의적인 생각을 해낼 수 있을까!

학자: 아이의 뇌는 사방으로 열려 있다. 창의적이지 않은 아이는 없다.

29개월(884일)

아이: 전자책을 보고 있는데 아이가 "아빠 뭐 해?"라고 묻기에 "아빠 책 보고 있어"라고 대답했다. 일주일 뒤, 역시 전자책을 보고 있자 아이가 "아빠 책 보고 있어?"라고 묻는다.

아빠: 기억력이 예사롭지 않다. 문장을 그대로 복기해낸다!

학자: 24개월 전후가 되면 아이의 기억력은 놀라울 정도로 확장된다.

생각도 자연스럽게 한다. 그렇다고 그 생각을 차마 입 밖으로 꺼내지는 못한다. 눈앞에 펼쳐진 것들이 우리 아이의 탁월함인지, 모든 아이들이 거치는 보편적인 발달인지 헷갈리기 때문이다. 물론 많은 학자들의 말대로 대부분은 후자에 가깝다.

하지만 얼마나 행복한 순간인가. 다시는 오지 않을 시간이기에 부모들은 열심히 동영상의 촬영 버튼을 누르는 게 아니겠는가. 나 역시 아이의 이런 경이로운 순간들을 간직하고 있다.

에밀리 디킨슨의 시 「뇌는 하늘보다 넓다네」에 이런 시구가 나온 다. "뇌는 하늘보다 넓다네/끝까지 펼칠 수 있다면/하늘까지도 담 을 수 있다네/심지어 그대까지도."

뇌 과학의 발달에 힘입어 인간의 능력은 꾸준히 증명되어 왔다. 인간의 뇌는 그 어떤 컴퓨터보다 복잡하며, 특히 아이의 뇌 속에는 어른의 두 배가 넘는 연결망이 존재한다. 어린아이의 능력에 대한 예찬은 비단 한두 학자의 주장이 아니다. 영국의 젊은 심리학자 찰 스 퍼니휴(Charles Fernyhough)는 이렇게 말한다. "어린아이를 가까 이에서 관찰해보면 인간이 알아야 할 모든 것을 배울 수 있다."

세상의 모든 아기들은 천재적 능력을 가지고 태어난다. 발달 속도 를 보면 얼핏 동물보다 더딘 것 같아도 기간 대비 엄청난 일을 해낸 다. 아기는 태어난 지 1년이면 100여 개의 단어를 이해하고, 만 2년 이면 언어 폭발기를 거치며, 만 3년이면 문법까지 터득해 문장으로 표현하는 수준에 이르고, 만 4년이면 자연스럽게 의사소통 능력을 갖춘다. 갓난아기를 키우는 부모라면 곧 마주하게 될 미래다.

태도의 측면에서 보아도 그 변화와 성장은 실로 대단하다. 주체할 수 없는 호기심으로 순식간에 집 안을 난장판으로 만들고도 아기들은 아랑곳하지 않는다. 또한 뜻대로 잘 되지 않더라도 좌절하거나 부끄러워하지 않고 다시 시도한다. 배움의 자세에 있어서 여느 과학자에 뒤지지 않는다. 아이들에게는 탐구가 곧 놀이다. 이런 과정을 통해 아이들은 하루하루 눈에 띄게 성장한다.

우리 모두가 한때 아기였다는 사실을 떠올려보자. 이것은 무엇을 의미하는가? 우리 모두가 능력을 가지고 태어났다는 의미다. 지금 당장 눈에 보이지 않더라도 잠재력은 누구에게나 있다는 뜻이다. 소멸되지만 않는다면 혹은 덜 훼손된다면 누구든지 이 능력을 통해 놀라운 성취를 이룰 수 있다. 평범한 사람과 비범한 사람의 차이는 본래 가지고 태어난 재능, 즉 자신을 발전시킬 수 있는 능력을 키워내느냐, 그렇지 못하느냐에 있다.

잭 안드라카 부모의
교육 철학

2012년, 과학계의 이목은 미국에 사는 15세 소년으로 향했다. 이제 막 고등학생이 된 잭 안드라카(Jack Andraka). 그는 '난제의 암'이라 불리는 췌장암을 조기에 진단할 수 있는 기술을 찾아내 일약 스타로 떠올랐다.

잭이 개발한 췌장암 진단 키트는 획기적이었다. 방법은 매우 간단해서 가느다란 종잇조각에 피 한 방울만 떨어뜨리면 끝이다. 검사 시간도 불과 5분, 검사 비용도 30원으로 기존보다 2만 6000배나 저렴하며, 무엇보다 100%에 가까운 정확도를 자랑한다.

가장 놀라운 것은 개발 방법이다. 개발 과정에서 필요했던 것은 '중학생 수준의 과학 지식'과 '인터넷 검색' 그리고 '집념'뿐이었다.

잭의 연구를 지원한 마이트라 교수는 그를 가리켜 "새로운 시대의 에디슨"이라고 표현했다. 미국의 전 영부인 미셸 오바마는 2013년 대통령 국정연설의 귀빈으로 잭을 초대하기도 했다.

순진한 질문과 위대한 발견

～～～～～

　　　　　　　　　　　도대체 이 아이는 어떻게 자라났을까? 유명세를 타기 전까지 잭은 주위에서 흔히 볼 수 있는 그저 그런 중학생이었다. 과학경진대회에서 몇 번 입상한 것과 외톨이적 성향이라는 점이 그를 설명할 수 있는 최대한의 특이 사항이었다. 이 평범한 소년에게 대체 무슨 일이 있었던 것일까?

　잭을 거대 프로젝트로 이끈 발단은 가족처럼 믿고 따랐던 이웃 아저씨의 죽음이었다. 아저씨는 방학 때마다 잭을 데리고 게를 잡으러 다녔으며, 그에게 숫자의 즐거움을 깨닫게 해주었고, 미래에 대한 이야기로 잭을 이끌어준 스승이었다.

　"조금만 일찍 발견했다면 살았을 텐데…" 잭은 어른들이 아저씨의 죽음을 안타까워 하며 나누는 이야기를 엿들었다. 대체 '췌장암이 뭔데 아저씨를 죽음에 이르게 했을까?' 프로젝트는 지극히 소년다운 질문에서 출발했다.

잭은 인터넷을 활용해 췌장암에 대해 알아보기 시작했다. 첫 번째 의문은 '췌장'이란 무엇인가였다. 두 번째 의문은 '췌장암'이란 무엇인가였다. 지식이 쌓일수록 질문의 수준도 높아졌다. 그의 질문은 어느새 '지난 10년 동안 다른 많은 암들은 발생률이 낮아졌는데, 왜 유독 췌장암의 발병률은 꾸준히 증가하는가?'로 나아갔다. 알고 보니 발견 시점이 문제였다. 췌장암 환자의 85% 이상이 말기에 진단되고, 그들의 생존 확률은 2%에도 미치지 못했다.

질문은 다시 '그렇다면 왜 췌장암은 제때 발견할 수 없을까?'로 이어졌다. 그 답은 췌장 안의 종양을 발견하는 것 자체가 어렵기 때문이었다. 진단법은 60년 동안 개선되지 않았다. 쉽게 말해 잭의 아버지가 태어나기 전에도 같은 진단법을 쓰고 있었다는 뜻이다. 만만치 않은 비용도 문제였지만 더 큰 문제는 그럼에도 정확하지조차 않다는 데 있었다. 당시의 진단법으로는 췌장암의 30% 이상을 감지할 수 없었다.

이제 잭이 해야 할 일이 보였다. 치료보다 중요한 것은 발견이었다. 잭은 새로운 방법을 찾기로 했다. 마침 여름방학이었고 특별한 계획도 없었다. 잭은 암에 걸렸을 때 혈액에서 발견되는 8000개 단백질에 대한 데이터베이스를 얻었다. 구글과 위키피디아는 그의 좋은 친구들이었다. 그는 방에 틀어박혀 8000개의 단백질을 일일이 확인해보기로 했다.

이 과정은 무한 반복되는 단순 작업이자 미세한 변화를 확인해야 하는 섬세한 작업이었다. 잭의 말대로 "10대의 순진함이 없으면 불가능한 일"이었다.

4000번째 시도에서 잭은 드디어 췌장암을 판별할 수 있는 단백질을 찾아냈다. 메소텔린이라는 단백질이었다. 평소에는 일반적인 단백질이지만 췌장암이나 난소암, 폐암에 걸리면 혈액 안의 메소텔린 수치가 엄청나게 높아진다는 사실도 알아냈다. 지쳐 쓰러지기 직전에 이루어낸 쾌거였다.

꺼지지 않는
열정의 비결

이 메소텔린 단백질만 쉽게 발견할 수 있다면 췌장암 조기 진단이 가능할 터였다. 제대로 된 실험이 필요했다. 잭은 연구실과 기자재 지원을 얻기 위해 수백 명의 전문가에게 이메일을 보냈다. 한껏 기대에 부풀었지만 돌아오는 답변은 대부분 냉랭했다.

그러던 중, 집 근처에 있는 존스홉킨스대학의 아니르반 마이트라(Anirban Maitra) 교수로부터 연락이 왔다. "내가 도와줄 수도 있겠구나." 이 대답은 곧 실험실을 빌려주겠다는 의미였다.

그곳에서 잭은 셀 수 없는 실패를 경험했다. 하지만 아니르반 마이트라 교수는 그에게 계속해서 시도하라고 조언했다. 마침내 잭은 메소텔린을 조기에 발견할 수 있는 종이 센서를 만들어낸다.

잭이 포기하지 않고 프로젝트를 끌어갈 수 있었던 것은 '어쩌면 가능할지도 모른다'는 생각의 힘 때문이었다. 그는 췌장암 조기 진단 센서를 만들어낸 이후 한 인터뷰에서 이런 말을 했다. "내가 인터넷으로 논문을 읽고 문제를 해결할 방법을 찾았던 것처럼 10대라도 호기심을 갖고 파고든다면 인터넷만으로도 세상을 바꿀 수 있는 아이디어를 얻을 수 있습니다."

이제 우리는 잭의 성공 요인이 무엇인지를 가늠할 수 있다. 그것은 과학적 지식도 아니고 인터넷 검색 능력도 아니다. 가장 중요한 것은 열정이다. 꺼지지 않는 호기심이 계속해서 그의 열정에 불을 지폈다. 그 힘은 어디서 나왔을까.

일요일 새벽 2시 30분. 세상을 바꾸는 위대한 발견을 해낸 잭은 주차장에서 졸고 있는 엄마를 향해 전력 질주했다. 두 모자는 모두가 잠든 밤에 마음껏 소리쳤다. 이때가 잭이 기억하는 인생 최고의 순간이다.

잭이 쓴 책 『세상을 바꾼 10대, 잭 안드라카 이야기』를 보면 곳곳에서 중요한 단서가 발견된다. 그중 빼놓을 수 없는 대목은, 잭의 곁에는 언제나 그를 지켜보는 부모가 있었다는 사실이다.

아이의 날개를 펼친
부모의 한마디

~~~~~~~~

잭은 췌장암 진단법을 만들어 내기 직전의 상황을 다음과 같이 기억한다.

"잭, 좀 황당무계한 생각 아니냐?" 아버지의 표정이 썩 밝지 않았다. "그만큼 했으면 됐어. 이젠 그만둘 때도 됐잖니. 아니면 다른 목표를 세우든가." 어머니의 말은 사실상의 포기를 의미했다. 부모들도 지쳐가고 있었지만 무엇보다 그들은 자식이 상처받을 일을 걱정하고 있었다. "네가 정말 췌장암을 진단하는 새로운 방법을 찾은 게 맞다면 그 수많은 박사들 중에 누군가는 너한테 기회를 주지 않았겠어?"

잭 역시 스스로에게 던진 말이기도 했다. '내가 박사 학위까지 있는 전문가보다 더 똑똑하겠어? 내 아이디어가 정말 결실을 볼 수 있을까?' 그러면서도 한편으로는 조금만 더 버티면 될 것 같다는 느낌이 들었다. 하지만 중학생 소년이 혼자 무슨 수로 연구비와 물품을 구한단 말인가. 부모는 서로 눈길을 주고받았다. 결정을 내릴 준비가 된 것이다. 어머니가 입을 열었다. "좋아, 일단 두고 보자."

잭이 프로젝트를 시작하겠다고 했을 때도 잭의 부모는 적잖이 염려했다. 프로젝트가 마뜩잖아서가 아니었다. 잭이 어떤 아이디어에 빠지면 적당히 하고 마는 게 아니라 전투적으로 임한다는 것을 너무도 잘 알고 있었기 때문이다. 연이은 실망감에 힘들어 할 아들에 대한 걱정이 앞섰던 것이다. 하지만 그들은 한 번도 아들의 계획을 꺾은 적이 없었다. "네 생각이 그렇다면 해봐라." 이 말이 아버지의 단골 멘트였고, 승낙은 그것으로 충분했다.[5]

"네가 정말 좋아하는
일을 찾아야 해"

잭의 어머니는 호기심을 키우는 것과 좋아하는 일을 찾는 것을 같은 과정이라고 생각했다. 이를 위해 자녀들에게 다양한 활동을 '경험'시키고 그중 마음에 드는 것을 선택할 수 있도록 해주어야 한다는 교육 철학을 가지고 있었다. 피아노, 야구, 테니스, 카약 등 다양한 경험을 통해 좋아하는 일과 좋아하지 않는 일을 구별하게 된 것은 잭에게 큰 혜택이었다. 당연히 실패의 경험도 또래보다 많이 겪을 수밖에 없었다. 그런 경험은 누구나 알다시피 성공의 든든한 밑거름이 된다.

잭은 책 말미에 다음과 같은 감사의 말을 썼다. "집을 날려버릴 뻔하거나 부엌에 이상한 세균을 퍼뜨리는 수많은 사고를 쳤는데도 소년원에 보내지 않은 엄마 제인 안드라카와 아빠 스티브 안드라카에게 감사드려요. 두 분은 최고의 부모님이세요. 정말 최고예요.

고맙습니다!"

유명인사가 된 잭은 "세상을 바꿀 수 있는 힘이 10대들 모두에게 내재해 있으며, 진정으로 필요한 것은 자신의 잠재력을 깨닫는 것"이라고 말한다. 물론 그럴 수 있도록 도와준 사람은 그의 부모님이다. '나'의 생각대로 할 수 있게 해준 것. 부모님의 그런 교육 철학이 잭으로 하여금 주저 없이 온갖 실험에 도전하고 실패를 견뎌낼 수 있게 해주었다. 이런 과정은 사실 부모에게도 용기와 인내가 필요한 일이다. 사랑 없이는 기다리기 힘든 시간이기 때문이다.

이제 우리는 잭이 부모에 대해 갖는 마음의 실체에 좀 더 접근할 수 있다. 그것은 한마디로 '고유성을 가진 인간으로 존중하고 잠재력을 깨우는 데 도움을 준 존재'에 대한 무한한 존경이자 감사의 표현이다.[6]

인간의 무한
잠재력을 믿어라

한 사람이 성장하며 성공에 다가가는 과정을 살펴보면 몇 가지 패턴을 발견할 수 있다.

첫째, '자신이 원하는 것'을 하고자 하는 '욕구'가 강하다.

둘째, 하고자 하는 욕구를 '실행'으로 옮긴다.

셋째, 작은 성공 경험들을 저축해놓았기에 실패해도 좌절하지 않고 다시 '도전'한다.

욕구에서 실행으로, 실패에서 도전으로 이어지는 순환은 사람을 더욱 흥분시키고 단단하게 만든다. 그래서 그 경험들이 쌓이면 마침내 빛나는 성취로 이어진다. 이런 사람들은 이야기를 만들기에도 아주 좋은 조건을 갖추고 있다. 극적인 구조와 이를 뒷받침하는 증거도 널려 있어서 마치 드라마 주인공의 삶처럼 느껴진다.

하지만 이것은 어디까지나 결과를 알았을 때의 이야기다. 그들의 성공 사실을 감추고 주변 인물들을 취재해보면 뜻밖의 사실을 알게 되는 경우가 많다. 어느 시점에 만나느냐에 따라 한 사람에 대한 평가는 달라질 수밖에 없다.

그들의 부모도
몰랐다

아이는 제2차 세계대전이 한창이던 때 영국의 가난한 항구 도시에서 태어났다. 아이가 4세 되던 무렵 선창가 잡역부였던 아버지는 집을 나갔고, 경제적 능력이 없던 어머니는 아이를 이모에게 맡겼다.

아이는 학교생활에 적응하지 못하고 매일 어머니를 그리워했다. 아이의 유일한 친구는 고양이였다. 아이는 혼자 방에 앉아 시를 쓰거나 공책에 그림을 그려 이야기책을 만들며 하루를 보냈다. 그런 성장 과정 덕인지 훗날 아이가 쓴 에세이는 베스트셀러가 되기도 했다.

그런 아이가 기타를 접하면서부터는 고양이보다 기타를 더 사랑하게 된다. 마침내 아이는 한 달 만에 교회 음악을 반주할 수 있을 정도의 실력이 되었고, 기타는 아이의 또 다른 분신이 된다. 고등학교 재학 시절 그룹사운드를 결성하게 되는데, 그것이 바로 비틀즈의 전신이며, 아이는 그룹의 중심에 있던 존 레논(John Lennon)이다.

이번에는 한 소녀의 중학생 시절 이야기다. 소녀는 장학금을 받고 명문 사립 고등학교에 입학했다. 학생들 가운데 몇 안 되는 흑인이었던 소녀는 부잣집 아이들과 어울리기 위해 어머니의 지갑에 손을 대기 시작했다. 밤에는 남자 친구들과 어울려 문란한 생활을 일삼았고, 급기야 임신까지 했다.

더 이상 참을 수 없던 소녀의 어머니는 딸을 소년원에 보내기로 결심한다. 집을 뛰쳐나온 소녀는 이혼한 아버지에게로 가지만, 아버지 역시 소녀가 예전의 착한 딸이 아니라는 것을 곧 눈치챘다. 그녀는 바로 '오프라 윈프리 쇼'의 진행자로 유명한 방송인 오프라 윈프리(Oprah Winfrey)다. 그녀는 미숙아로 태어난 아들이 세상을 떠나기 전까지 끝도 없이 추락하던 비행청소년이었다.

빌 게이츠(Bill Gates)는 변호사인 아버지와 학교 선생이었던 어머니 밑에서 좋은 교육을 받으며 남부럽지 않게 자랐다. 그러나 그의 어린 시절은 모범생과는 거리가 멀었다. 하루는 식탁에서 어머니에게 대드는 것을 보다 못한 아버지가 그만 컵에 담긴 물을 빌 게이츠의 얼굴에 끼얹었다. 그런 아버지의 분노에도 아랑곳하지 않고 그는 외려 "샤워를 시켜줘서 고맙네요"라며 빈정거렸다.

산만한 그의 행동 때문에 교실은 종종 엉망이 되었고, 어머니는 수시로 학교에 불려 다녀야 했다. 아들을 면담한 상담사는 어머니에게 "빌에게 모범생이 되라고 강요하는 것은 쓸데없는 짓입니다. 그럴수록 더욱 나빠지기만 할 뿐입니다. 그러니 차라리 아들 성격에 맞춰주시는 편이 낫습니다. 때려도 아무 소용이 없으니까요"라고 말했다. 사실상 구제 불능이라는 말과 다름없었다.[7]

스티브 잡스(Steve Jobs)도 유년기에는 빌 게이츠 못지않게 못 말리는 아이였다. 이른바 과잉활동아(hyperkinetic)라 불리는 특이한 기질로 반항을 일삼아 부모를 힘들게 했다. 그는 사고뭉치였으며 또래 아이들과도 잘 어울리지 못했다. 고등학교 때는 마리화나를 복용하는가 하면 규율을 무시하는 행동으로 정학을 당하기도 했다.[8]

그들의 성공을 먼저 접한 우리는 이런 과거 이야기가 쉽게 믿기지 않는다. 하지만 이 이야기들은 모두 그들 스스로 밝힌 사실이다. 이들의 과거를 들여다보면 의외로 어릴 때부터 탁월함을 발휘한 경우는 드물다. 대부분이 공부를 잘하지도 않았고, 오히려 그 반대인 경우가 더 많다. 일부는 두각을 나타낼 때까지 꾸준히 우수한 모습을 보이기도 했지만, 그렇다고 세상을 놀라게 할 정도는 아니었다. 대개 평범했으며, 더러 형편없는 사람 취급도 받았다.

토크쇼의 제왕, 대화의 신이라고 불리는 래리 킹(Larry King)은 유년 시절 수줍음이 많던 소년이었다. 다 커서도 성격이 쉽게 바뀌지 않았다. 라디오 첫 진행을 맡고는 입이 떨어지지 않아서 음악의 볼륨만 올렸다 내렸다 했다. 그의 태도에 폭발한 라디오 국장이 조정실 문을 박차고 들어와 "이건 말로 하는 사업이야!" 하고 소리쳤다. 그제야 비로소 래리 킹은 처음으로 말문을 뗄 수 있었다.[9]

안도 다다오(安藤忠雄)는 간신히 공업고등학교에 진학했지만 고2 때 대학 진학을 포기하고 권투 선수로 데뷔했다. 공부와 담을 쌓고 지낸 안도 다다오는 한 권의 건축 작품집을 보고 그날로 건축가가 되겠다고 다짐한다. 그리고 그는 정말 건축계의 거장이 됐다.

미국인들에게 가장 사랑받는 대통령 에이브러햄 링컨은 워낙 가난해서 학교를 다닌 날이 다 합해 1년도 채 되지 않는다. 링컨이 학교에서 공부할 때 사용하던 물건들이 아직도 남아 있는데, 그의 수학 공책에는 이런 시구가 쓰여 있다. "에이브러햄 링컨, 그 손과 펜, 앞으로는 잘 풀리리. 다만 언제일지는 신만이 아시겠지."[10]

최고의
부모 노릇

〜〜〜〜〜〜〜〜

그저 그랬던 이들의 드라마 같은 변신 이야기를 어떻게 해석해야 할까? 누구보다 불우한 청소년기를 보낸 오프라 윈프리는 1987년, 테네시 주립대학의 졸업식

축사에서 이런 말을 한다. "자신이 하고 있지 않은 것에 대해 불평하지 마세요. 자신이 가진 능력을 활용해보세요. 최선을 다하지 않는 것은 죄를 짓는 것입니다. 우리 모두는 굉장한 힘을 가지고 있어요. 그 위대함은 자기 자신과 다른 사람을 대하는 자세로 결정되는 것입니다."[11]

인간이 가지고 있는 굉장한 힘이란 무엇일까? 페이스북의 창업자 마크 저커버그(Mark Elliot Zuckerberg)는 그것을 잠재력이라고 말한다. 그는 자신의 딸이 태어났을 때 회사 지분의 99%를 기부하겠다고 밝혀 세상 사람들에게 감동을 주었다. 딸에게 보내는 공개편지 형식이었는데, 그는 두 가지 가치에 초점을 두었다. 그것은 인간의 잠재력을 향상시키고 평등을 증진시키는 것이었다.

마크 저커버그는 '잠재력 향상'과 관련해서 "인간의 위대함에 대한 경계를 넓히는 것"이라며 학습, 질병 치료, 환경보호 등을 화두로 제시했다. 그러면서 '평등' 역시 "태어난 국가나 가족, 환경에 상관없이 모든 사람이 이런 잠재력을 향상시킬 수 있는 기회에 확실히 접근할 수 있느냐의 문제"라고 말했다.

30대의 이 젊은 CEO는 왜 인간의 잠재력을 그토록 강조할까? 10대에 췌장암 진단 시트를 만든 잭 안드라카는 어쩌면 마크 저커버그의 과거였는지도 모른다. 갓 20세를 넘긴 청년이 우연히 시작한 프로젝트가 세상 사람들 사이의 연결을 돕는 최고의 소셜 네트

워크 서비스가 되었으니 말이다.

좋든 나쁘든 그에게 우연은 넘쳤고, 매일매일 돌파해야 하는 상황도 많았다. 그러면서 좋은 사람들도 많이 만났다. 위대함은 그런 복잡한 방정식에서 도출됐다. 그것들을 실현해낸 자신을 보며 인간에게 있는 잠재력을 떠올리는 건 어쩌면 당연한 일이었을 것이다.

마크 저커버그는 딸에게 직접 도움이 되는 일보다 좋은 세상을 물려주고 싶다고 했다. 아이만의 잠재력을 키우는 데 도움을 주는 일, 이보다 더 훌륭한 부모 노릇이 있을까?[12]

잠재력을 깨우는
제1 원칙

변신의 귀재들은 우리 주변에서도 쉽게 찾을 수 있다. 성공한 친구들 중에는 공부와 담을 쌓았던 아이도 있고, 재능이라고는 보이지 않던 지극히 평범한 친구들도 있다. 심지어 가능성이 없다고 낙인찍혔던 이들도 있다. 그래서 매일매일 성장하는 아이들의 미래에 함부로 딱지를 붙여서는 안 된다.

LA에서 30년 이상 초등학교 교사로 일하고 있는 레이프 에스퀴스(Rafe Esquith)는 미국 교육계의 살아 있는 전설로 불린다. 그가 가르치는 학생들은 절대 다수가 극빈층이자 영어를 제2언어로 배우는 이민 가정의 아이들이다. 그런데도 그가 가르친 학생들은 표준화 시험에서 항상 상위 1%에 들 정도의 실력이다.

그의 저서 『아이 머리에 불을 댕겨라』에 보면 다양한 사례와 함께 아이의 잠재력을 끌어올린 아홉 가지의 교수법이 소개되어 있다. 시간 개념, 집중력, 탐구심, 의사결정력, 책임감, 이타심, 겸손, 분별력, 비전까지.

일부를 소개하자면, 그가 가장 중요하게 생각하는 제1원칙은 '시간 관리'다. 그는 "시간을 존중하는 아이는 특별하다"고 말한다. 학생들은 과제 제출을 비롯해 온갖 종류의 마감을 지켜야 하는 상황에 놓인다. 시간을 지키는 일은 곧 계획을 동반한다.

시간 관리가 중요한 이유는 따로 있다. 시간을 지킨다는 것은 자신의 운명을 스스로 결정하고, 자신의 행동을 스스로 책임진다는 뜻이다. 이런 교육을 통해 아이들은 시간을 바르게 활용할 줄 아는 사람이 인생에서 큰일을 할 수 있다는 것을 깨닫는다.

"당신의 아이는 어쩜 그리 특별한가요?"

레이프 에스퀴스의 원칙에 무언가 대단한 비법이 있으리라 기대한 사람들에게는 내용이 시시할 수도 있다. 선생님의 조언은 상식적이다. 예를 들면, 아이들은 지시한다고 움직이지 않는다, 기회가 있을 때마다 다양한 사례를 이야기해주고 일상 속에서 이런저런 주제에 대해 자주 대화를 나눈다, 아이에게 "하라면 해"라는 식의 지시는 효과가 없다, 학습 결과보다 중요한 것은 전보다 한 뼘 더 성장한 아이의 마음가짐이다 등의 조언이다.

그의 이런 원칙들을 보면 학습보다는 삶의 지혜에 더 집중되어 있을 뿐 교사로서 응당 해야 할 일들이 아닌가 하는 생각이 든다. 맞는 말이다. 그런데 레이프 에스퀴스가 교사들의 롤 모델이 되는 이유는 그런 교사의 역할을 '실제로 했다'는 데 있다. 아이들을 변화시킨 힘은 행동이다.

레이프 에스퀴스는 아이들의 무한한 가능성을 믿는다. 교육의 힘을 믿으며, 모든 부모들이 그렇게 할 수 있다고 믿는다. 오랜 교편 경험을 통해 문제아로 불리는 아이들도 일단 관심 분야를 발견하면 학자가 따로 없을 정도로 발전한다는 것을 잘 알고 있다.

레이프 에스퀴스는 자신을 거쳐간 졸업생들을 걱정한다. 아이들이 엄청난 재능을 다 발휘하지 못하고 '평범하게 살까 봐' 두렵다는 것이다. 아이들에게는 어른들이 아는 것보다 훨씬 많은 능력이 있다는 것을 눈으로 보았기 때문이다.[13]

"당신의 아이들은 어쩜 그리 특별한가요?"라는 질문에 레이프 에스퀴스는 이렇게 대답했다. "당신의 아이도 충분히 반짝반짝 빛날 권리가 있습니다. 잠재된 재능에 불을 붙이는 것은 부모 교육의 사소하지만 중요한 차이에서 나옵니다."

당신도 이 말에 동의하는가? 그렇다면 준비 운동은 끝났다. 인간에게는 누구나 무한한 잠재력이 있고, 나의 자녀 역시 다르지 않다는 믿음이 있다면 충분하다. 이제 본격적인 탐험을 떠날 때다.

스스로 동기 부여하는 강력한 힘

인본주의 심리학의 창시자 에이브러햄 매슬로(Abraham Harold Maslow)는 인간의 잠재력에 관해 획기적인 관점을 제시해 지금까지도 많은 지지를 받고 있다. 그는 인간은 누구나 보편적인 심리 욕구를 가지고 있다고 전제한다. 그러면서 욕구가 어느 정도 충족되었는가에 따라 동기는 물론 잠재력의 발현 수준도 크게 좌우된다고 주장한다.

동기를 욕구의 관점에서 본 그의 시각은 참신했다. 에이브러햄 매슬로가 공부하던 20세기 초에는 인간의 동기를 보는 시각이 동물과 크게 다르지 않았다. 보상과 처벌로 대표되는 행동주의 심리학의 전성기였기 때문이다.

보상과 처벌의 손익

행동주의 심리학은, 인간의 타고난 자발적 동기는 미약해서 '파블로프의 개'처럼 보상이나 처벌이 가해지면 행동을 바꾼다고 주장한다. 이 말은 보상과 처벌이 없으면 능력을 끌어낼 수 없다는 의미와 같은 맥락이다.

행동주의의 장점은 효율성이다. 단기간의 결과만을 본다면 매우 강력한 동기로 작용할 수 있다. 실제 시험 점수, 분기 매출 등 일시적으로 외적 보상에 의존해야 하는 상황도 있다. 그러나 여기에는 비용이 따른다. 바로 호기심과 흥미라는 내적 동기다. 외적 동기가 강할수록 이런 내적 동기는 의도의 여부를 떠나 서서히 잠식된다.

보상이 내적 동기를 잠식하지 않는 상황이 있기는 하다. 영수증 붙이기, 장부에 숫자 옮겨 쓰기처럼 재미없고 지루한 일을 했을 경우다. 애당초 잠식당할 내적 동기가 없기 때문에 외적 동기가 높아져도 감수해야 할 비용이 없다. 행동주의 이론이 교육학에 미친 영향력은 20세기 전반에 걸칠 만큼 강력했다. 보상과 처벌은 아직도 그 영향력이 막강하다. 우리 아이들이 많은 시간을 공부에 할애하는 이유도 시험으로 대표되는 보상과 처벌 때문이다.

적지 않은 부모들이 성적이란 본디 좋든 나쁘든 아이들에게 동기로 작용하기 때문에 시험은 자주 볼수록 효과가 크다고 믿는다.

특히 본인이 그렇게 자라왔거나 경쟁에 대한 압박을 강하게 받을수록 그 믿음은 신념에 가깝다. 그러나 최근 학계에서는 행동주의의 그늘을 걷어내려는 노력을 더욱 본격화하고 있다. 교육계 버전의 적폐청산이 이루어지고 있는 셈이다. 그 이유는 다음과 같다.

첫째, 보상과 처벌 시스템에는 부모와 자식의 관계를 계약관계로 바꾸어버리는 위험성이 있다. 기대하는 행동을 하면 사랑을 주고, 기대에 어긋나면 사랑을 거두어들이는 행동은 좋게 말하면 조건부 사랑이요, 심하게 말하면 투자 조건이다. 이런 관계에서 인성교육이 설 자리는 없다. 아이들은 부모가 자신을 순수한 마음으로 사랑하지 않는다는 것을 안다. 경쟁 우위 구조에서는 친구관계도 순수하게 유지하기 힘들다.

둘째, 보상과 처벌은 '생각보다' 교육적 효과가 떨어지는 반면, 부작용은 적지 않다.

자율과 강압의 학습 효과 실험

EBS 다큐 프라임 〈퍼펙트 베이비〉를 제작하면서 클라크대학 심리학과의 웬디 그롤닉(Wendy Grolnick) 교수의 자문을 얻어 시험의 효과에 대해 실험한 적이 있다. 선생님이 초등학교 5학년 아이들에게 짧은 글이 적힌 문제지를 나눠주며 "얼마나 자료를 잘 읽을 수 있는지 보려고 하는 거예요. 시험은 아니니까 부담은 갖지 마세요"라고 했다. 시험이 아니라는 점을 강조한 것이다.

같은 시각 바로 옆 반에서는 다른 선생님이 "여러분이 얼마나 잘 기억하는지 시험을 볼 거예요"라고 하며 문제지를 나눠주었다. 이 번에는 '시험'이라는 점을 강조한 것이다. 그러자 아이들은 커닝을 하면 빵점으로 처리가 되느냐는 등 시험에 관련한 여러 질문을 했 다. 확실히 시험은 아이들을 긴장시키는 효과가 있었다. 이 두 반을 각각 '자율반'과 '시험반'이라고 명명했다. 그렇다면 과연 어떤 반 아이들 성적이 더 잘 나왔을까.

일주일 후 다시 학교를 찾아갔다. 그러고는 두 반의 아이들이 일 주일 전에 읽어본 글의 내용을 얼마나 기억하고 있는지, 똑같은 시 험을 한 번 더 치르게 했다. 과연 자율과 시험이라는 서로 다른 두 동기가 성적에 영향을 미쳤을까. 두 반 아이들의 1, 2차 점수를 비 교해보았다.

먼저 자율반의 경우 일주일 사이 반 평균이 7점 떨어진 반면, 시 험반의 경우에는 무려 14점이나 하락했다. 정리하면 시간이 흐른 후 시험반 아이들이 자율반 아이들에 비해 지문에서 본 내용을 두 배 가량 더 많이 잊어버렸다는 의미다.

어떻게 좋은 성적을 기대하며 더 집중했을 아이들이, 느슨한 마음으로 문제를 푼 아이들보다 점수가 더 떨어졌을까.

연세대 심리학과 송현주 교수는 "성적이라는 것은 일종의 외적 보상이기 때문에 단기적으로는 학습 효과가 높아질 수 있다"고 말한다. 왜냐하면 정보를 수동적으로 빨리빨리 받아들이는 것은 상대적으로 쉬운 일이므로 어느 정도의 효과가 있다는 것이다.

그러나 깊이 있는 사고 과정을 거치지 않았기 때문에 두뇌에서 처리된 정보가 장기 기억으로 전환될 확률은 매우 낮을 수밖에 없다는 것이다.

벼락치기로 공부했던 지난날의 경험을 떠올려보면 쉽게 이해할 수 있다. 밤새 달달 외웠던 문제들일수록 시험지를 받자마자 쏟아내듯 빨리 풀어야 효과가 있다. 그래서 마치 100미터 달리기를 하듯 엄청난 스피드로 답을 채웠던 기억이 난다. 아이러니하게도 생각을 깊이 한다는 것은 시험 준비가 제대로 안 되었다는 증거다. 벼락치기로 공부한 경우 시험을 마치는 종이 울리면 순간 그 많은 지식들의 상당 부분이 어디론가 사라져버리고 만다.

그렇다면 시험은 아이들의 학습 동기에 전혀 도움이 되지 않을까. 어차피 똑같은 시험을 두 번이나 보는 경우는 드문 법이다. 그래서 1차 시험의 평균 점수만 비교해보았다. 그러자 이번에도 자율반 아이들의 점수가 4점이 더 높았다.

그러나 이것이 자율과 강압이라는 서로 다른 동기가 두 반 아이들의 성적에 영향을 미쳤다는 근거가 되기에는 미약하다. 자율반 아이들이 원래 공부를 더 잘할 수도 있기 때문이다. 그래서 문제를 좀 더 세밀히 분석해보기로 했다.

나무를 볼 것인가
숲을 볼 것인가

출제한 시험문제는 암기평가 6문제와 개념이해평가 4문제로 구성했다. 암기 문제가 '무엇, 언제'와 같은 단편적인 지식을 묻는 것이라면, 개념이해 문제는 '왜, 어떻게'와 같이 사고를 요구하는 문제에 해당된다.

10개의 문제 중에 암기평가 문제만 따로 떼어놓고 보니 이번에는 시험반 아이들의 점수가 더 높게 나왔다. 총점은 낮은데도 불구하고 말이다. 이 결과는 결국 두 반의 성적을 가른 것은 암기평가가 아니라 개념이해평가 점수였다는 것을 뜻한다.

이 차이는 아이들이 가장 어려워하는 주관식 문제만 비교했을 때 더 명확해졌다. 채점 결과 자율반 아이들이 시험반 아이들보다 점수가 두 배 이상 높게 나왔다.

이 실험을 설계한 웬디 그롤닉 교수는 다음과 같이 말한다. "평가를 위해 학습한 아동들은 세부적인 것은 얻었지만 숲은 보지 못한 겁니다. 또한 시험을 보고 나면 더 이상 정보를 기억할 이유가 없어지기 때문에 버리는 것입니다. 내적 동기가 작용하지 않는 것이죠."

성적이 아이들로 하여금 공부를 하게 만드는 동기가 되는 것은 일정 부분 사실이다. 그러나 오로지 시험 성적이 중요한 아이라면 일단 어떤 식으로든 달달 외워서 좋은 결과를 얻으려고 할 것이다. 이런 경우 폭넓은 사고와는 점점 거리가 멀어진다는 점을 알아야 한다. 시험의 출제 방향이 조금 더 이해력을 필요로 하거나 나아가 창의력을 요구하는 수준에 이르면 머릿속에 들어간 지식은 아무 힘을 발휘하지 못한다.

반면 성적보다는 배움에서 기쁨을 찾는 아이는 새로운 정보를 자신이 이미 알고 있는 것과 연결시키거나 자신의 경험과 깊이 있게 관련시켜 학습한다. 그렇기 때문에 이렇게 공부한 아이들의 지식 구조는 튼튼할 수밖에 없다. 시험이 다양하게 변형되어 출제되어도 여러 모로 응용이 쉬워진다.

이 실험은 교사와 부모에게 한 가지 시사점을 준다. 인간의 능력은 몇 번의 시험으로 평가하고 끌어올릴 정도로 얄팍하지 않다는 것이다. 아이들에게 시험 성적에 대해 덜 강조할수록 전체를 볼 수 있는 아이들의 사고력은 높아진다.[14]

욕구가 잠재력을 깨운다

~~~~~~~

에이브러햄 매슬로는 인간이 스스로 창조해낼 수 있는 무한한 잠재력에 주목했다. 그리고 이를 깨우는 매개를 욕구에서 찾았다. 인간은 기본적으로 5개의 욕구를 가지고 있다는 '욕구 5단계 이론'은 세계에서 가장 유명한 동기 이론이 됐다. 잠시 정리하고 넘어가자.

인간의 욕구는 끝이 없다. 한 가지 욕구가 해결되면 또 다른 욕구가 생겨난다. 이 욕구가 곧 잠재력을 살아나게 하는 내적 동력이다.

1단계: 생리적(physiological) 욕구
식욕, 수면욕, 성욕과 같은 생존에 필요한 기본 욕구(직장에 비유하자면 월급)

2단계: 안전(safety) 욕구
위험으로부터 보호받고 싶은 욕구(안정적인 고용관계)

3단계: 사회적(social) 욕구
소속감과 사랑의 욕구(원만한 인간관계)

4단계: 자기존중(esteem) 욕구
존경받고 인정받고 싶은 욕구(성공, 명예)

5단계: 자아실현(self-actualization) 욕구
자신의 잠재적 능력을 최대한 실현하고자 하는 욕구(개인의 꿈)

에이브러햄 매슬로는 '자아실현 욕구'에 최고의 가치를 부여한다. 이 욕구를 도출하기 위해 1~4단계의 욕구를 설정한다는 견해도 있을 정도다. 모든 욕구가 충족되어도 '자기가 하고 싶은 일을 하지 못하면' 불만이 해소되지 않는 게 인간의 본질이라는 이야기다.

'매슬로 이론'은 로체스터대학의 심리학 교수 에드워드 데시(Edward L. Deci)가 이어받았다. 그가 제시한 자기결정성 이론은 교육에서 경영, 스포츠에 이르기까지 현대 동기 이론 중 가장 폭넓은 지지를 받고 있다.

내가 결정한다는
생각

자기결정성 이론은 말하자면 '자기가 결정한 것'이 어떤 동기보다 더 강력하다는 뜻이다. 자신의 삶을 스스로 이끌고자 하는 욕구는 누군가에게 끌려가지 않으려는 욕구와 동일하다. 언뜻 당연한 말인 것 같지만 우리는 의외로 타인의 삶에 의해 좌우될 때가 많다.

에드워드 데시는 자신이 결정하지 않은 동기가 얼마나 허약한지를 입증하는 연구에 주력했다. 외적 동기의 대명사인 보상에 대한 실험이 그 대표적인 예다. 데시는 대학생을 두 집단으로 나누었다.

한 집단에는 퍼즐을 완성하면 상금이라는 보상을 주었고, 다른 집단에는 보상을 주지 않았다. 보상이 없는 경우와 비교했을 때 보상을 받은 대학생들의 내면에는 어떤 변화가 일어날까? 이것이 실험의 목적이었다. 돈을 받으면 동기가 높아질까? 아니면 별다른 변화가 없을까? 그도 아니면 오히려 동기가 낮아질까?

연구팀은 살짝 속임수를 썼다. 방법은 다음과 같다. 대학생들에게 탁자 앞에 앉아 30분 정도 퍼즐을 하게 한다. 30분 후 퍼즐 시간이 끝났음을 알린 뒤, 설문지를 가져올 동안 잠깐 기다리라는 말을 한다. 그리고 8분 동안 실험실에 대학생들을 혼자 남겨둔다. 이 시간에 그들이 무엇을 하는지가 핵심이다.

보상을 받은 집단은 혼자 있는 동안 퍼즐을 하는 시간이 확실히 적었다. 그들은 보상을 중단하자마자 퍼즐 놀이를 그만두었다. 흥미로운 점은 이들이 처음에는 보상이 없어도 기꺼이 퍼즐을 했다는 사실이다. 상금을 받은 학생들은 눈에 띄게 보상에 길들여졌고, 흥미로운 놀이였던 퍼즐은 보상을 얻기 위한 도구로 변해버렸다.

퍼즐 맞추기가 직장에서의 일이라고 가정해보자. 보상에만 초점을 맞추면 일은 오로지 월급을 받기 위한 행위에 지나지 않는다. 그 자체가 나쁘다고 할 수는 없지만 어떤 사람들은 그 이상의 재미와 가치를 원한다. 자신이 결정한 동기가 그래서 중요하다.

다니엘 핑크(Daniel Pink)의 책『드라이브』에는 이런 말이 인용되어 있다. 에드워드 데시는 동기를 높이려면 "인간의 타고난 심리학적 요구가 번성할 수 있는 환경을 조성하는 데 노력을 기울여야 한다"고 강조한다.

에드워드 데시는 자기의 삶을 자신이 결정하고 통제하며 살아가는 것을 행복의 최고 요소로 꼽는다. 내가 결정한다는 것은 내적 동기의 첫 번째 원칙이자 잠재력을 키우는 필수 원칙이다. 동기의 수준도 자기결정의 정도에 따라 달라진다. 동기는 '내적으로 통제(호기심)'되었을 때 가장 높으며, '외적으로 통제(강요)' 되었을 때 가장 낮아진다. 긍정적인 외적 통제 요인인 칭찬도 제대로 힘을 발휘하려면 내적 통제 요인이 더 중요시되어야 한다.

첫째, 칭찬은 어떤 일이 완성되었을 때 하는 것이 좋다. 이렇게 되면 보상이라는 외적 조건의 위험성이 낮아진다.

둘째, 칭찬이 자신이 스스로 노력해서 변화시킨 것을 향할 때 진정한 힘을 갖는다.

노력 없이 주어진 결과에 대한 칭찬은 아주 잠시만 기분을 좋게 해줄 뿐이다. 결국 외적 요인도 내적 요인과 긴밀하게 얽혀 있다.

공부나 일에서 창의성의 싹을 잘라내고 싶다면 방법은 간단하다. 내적 요인을 제거하고 보상만 강조하면 된다. 그러면 학생이나 직원은 당면한 미션에서 벗어나는 어려운 일은 하지 않으려고 할 것이다. 그러므로 보상은 눈에 띄지 않을수록 훌륭하다.

인간의 욕구를 알면
부모의 길이 보인다

자기결정성 이론에 따르면 인간은 누구나 심리적 '욕구'를 가지고 있다. 자율성, 유능성, 관계성의 3요소가 바로 그것이다.

서울대학교 심리학과 최인철 교수는 이를 우리 몸의 3대 영양소(탄수화물, 지방, 단백질)에 빗대어 '마음의 3대 영양소'라고 말한다. "이 영양소가 잘 공급되면 행복한 삶을 살 수 있지만, 이 중에 뭔가 하나라도 결핍되면 식물이 시들어가듯이 우리 마음도 시들 수 있다"고 강조한다.[15]

마음의 3대 영양소인 자율성 욕구, 유능성 욕구, 관계성 욕구에 대해 하나씩 살펴보자.

주도성을 키우는 법
❶ 자율성 욕구

아이가 28개월이던 때의 일이다. 그러니까 한국 나이로 3세였을 때다. 처음으로 양말 한쪽을 제대로 신었다. 가벼운 탄성이 나오는 순간이었다. 그런데 다른 쪽은 잘 안 신겨지는 모양이었다. "아빠가 도와줄까?" 하고 묻자마자 답이 튀어 나왔다. "잠깐만, 스스로 할 수 있어." 아이는 낑낑대다가 결국 실패했다. "왜 이쪽은 안 되지?" 호기심이 질문으로 나왔다.

불과 일주일 뒤, 아이는 양말 두 쪽을 능숙하게 신어 보였다. 그때 느낀 부모로서의 뿌듯함이란, 두말해 무엇 하겠는가.

스위스의 심리학자 장 피아제(Jean William Fritz Piaget)는 '어린이는 나름의 발달 과제를 스스로 완수해가면서 성장한다'는 인지발달 이론을 통해 심리학계에 큰 길을 열었다. 아이를 키워본 사람들은 안다. 세상에 자기주도적으로 문제를 해결하지 않는 아이는 없다는 것을. 다만 발달에 이르는 시간이 필요할 뿐이다.

자율성은 자기 스스로 결정하고 행동하려는 욕구다. 이는 자기결정성 이론의 핵심이기도 하다. 하기 싫은 일을 억지로 해야만 할 때를 생각해보자. 게다가 그런 일들이 시간마다 있다고 생각하면 상상만으로도 가슴이 답답하고 어깨가 무거워지지 않는가.

나 스스로 결정하고 행동하고 조절하려는 심리는 인간의 가장 큰 욕구다. 역사적으로도 인간은 언제나 더 큰 자유를 얻기 위해 투쟁해왔고 언제나 승리했다. 그런 면에서 인간은 대단히 능동적이고 자기주도적이다. 이를 가장 잘 보여주는 경우가 아기의 발달 과정이다.

아기는 태어난 지 6개월만 되면 자신의 의사를 분명하게 표시한다. 예를 들어 약을 잘 먹던 아기가 입을 꽉 다물고 거부 의사를 밝힌다. 강제로 입을 벌리려고 하면 약통을 손으로 밀쳐내 부모를 당황하게 만들기도 한다.

18개월 즈음, 책을 들고 와서 엄마 무릎에 올려놓는 것은 읽어달라는 의사표현이다.

24개월 즈음이 되면 아이는 스스로 신발을 신으려고 한다. 물론 시간이 하염없이 흘러간다는 함정이 있어서 부모 속이 터질 수도 있다. 하지만 이미 몰입한 아이를 말려서는 안 된다. 만약 섣불리 신발을 신겨주려고 했다가는 화를 낼지도 모른다.

점차 말을 하게 된 아이는 "내가, 내가"라는 말을 입에 달고 산다. 앞으로도 이렇게만 자라준다면 부모가 '이거 해라, 저거 해라' 등의 잔소리는 할 필요도 없을 것이다.

발달심리학자들은 아이의 주도성을 키워주려면 충분히 시간을 주어야 한다고 조언한다. 가령 차에서 내릴 때 배와 가슴이 마치 빗자루인 양 차 턱을 쓸면서 내려도 지저분하게 왜 그러느냐고 나무라지 않아야 한다. 아이들은 우리가 생각하는 것보다 빠르게 문제를 해결해나간다.

아이의 발달은 부모가 이끌어가는 길이 아니라 부모의 도움을 받아 아이가 주도적으로 개척하고 성취해가는 과정이다. 당연한 말이지만 발달의 주체는 아이이지 결코 부모가 아니다. 자율성, 즉 스스로 하고자 하는 욕구는 인간의 모든 심리 욕구에 우선한다.

아인슈타인은 "정말 위대하고 감동적인 모든 것은 자유롭게 일하는 이들이 창조한다"고 말한다. 위인들은 어려운 일을 '스스로' 해낸 사람들이다. 본능에 충실할 때 가장 행복하며 가장 큰 성취를 이룬다.

자율성을 떨어뜨리는 통제의 덫

자율성은 내적 동기와 외적 동기를 가르는 가장 큰 기준이다. 먼저 외적 동기는 행동을 통제하는 주체가 내가 아닌 남이다. 과도한 목표, 마감 시간, 감시 등과 같이 통제당하고 있다는 느낌이 강할수록 호기심과 열정은 시들어간다. 행동의 목적이 상을 받거나 벌을 모면하는 데 있기 때문에 목적이 사라지는 순간 동기도 사라진다.

반면 내적 동기는 자신이 좋아하는 일을 추구하기 때문에 과정 자체가 목적이며 보상 등의 조건이 중요한 변수가 되지 않는다.

정리하면, 내적 동기의 핵심은 '자율성' 여부에 있다. 자녀 교육에 있어서도 내적 동기를 높이기 위한 가장 좋은 방법은 '선택'의 기회를 자주 주는 것이다.

반대로 자녀가 부모에게 '통제'받고 있다는 느낌을 자주 받으면 내적 동기는 그만큼 떨어지고 자율적 행동과는 점점 멀어진다. 무엇이든 스스로 하고자 하는 욕구가 많던 아이가 점차 흥미를 잃어간다면 그만큼 아이의 자율성이 훼손되고 있다는 증거다.

에드워드 데시 교수는 "사람은 태어날 때부터 스스로 선택하고 결정할 능력을 갖고 있다"고 말한다. 이 말은 우리에게 큰 힘을 준다. 내재되어 있다면 그저 소멸되지 않게 하면 되고, 설령 훼손되었다면 노력해서 회복할 수 있다는 메시지가 담겨 있기 때문이다.

아이가 잘난 척하는 이유
❷ 유능성 욕구

〰〰〰〰

아이가 만 6세가 되자 두드러진 변화가 나타났다. 질문이 줄어든 것은 아닌데 전혀 다른 종류의 질문을 한다. "아빠 이거 할 줄 알아?" 질문인 듯 질문이 아니다. "그

럼 이거는 할 줄 알아?" 주로 발레나 태권도처럼 몸을 쓰는 동작을
해 보이면서 하는 말인데, 하루에도 수차례 반복한다. 나는 그것이
자기가 가장 사랑하는 사람한테 뽐내고 그로부터 인정받고 싶은
욕구라는 것을 알아차렸다.

유능성은 어제보다 성장하고자 하는 욕구다. 사람들은 누구나
유능하기를 꿈꾼다. 어린아이들이 기꺼이 부모와 함께 설거지를 하
고 쓰레기를 버리고 빨래를 개는 행위는, 도와주고 싶은 마음도 있
지만 한편으로는 '자신이 할 수 있는 역할이 있다'는 것에 뿌듯해하
는 마음도 자리하고 있어서다. 잘하고 싶고 쑥쑥 성장하고 싶은 마
음이 유능성 욕구다.

색깔도 없고 소리도 없는 세상에서 살던 헬렌 켈러가 설리번 선
생을 만나 새롭게 태어난 이야기는 세계적으로 유명하다.

설리번 선생은 수업 시간마다 헬렌과 특이한 놀이를 했다. 헬렌
이 인형을 잡으면 그녀의 손바닥에 4개의 알파벳(d, o, l, l)을 그렸다.
그것이 매번 반복되는 놀이의 전부였다. 하루는 헬렌이 수업 중에
화를 내자 선생님은 그녀를 수돗가로 데리고 갔다. 수도꼭지를 틀
고 헬렌의 손에 물을 묻히고는 반대쪽 손에 5개의 알파벳(w, a, t, e, r)
을 그렸다.

이때 헬렌의 마음에 무언가가 차올랐다. 헬렌은 모든 사물에는
이름이 있다는 사실을 알게 됐다. 헬렌은 세상을 이해하면서 황홀

감에 빠졌고 잡히는 물건마다 단어를 알려달라고 선생님의 손을 잡아끌었다. 그날 헬렌은 30가지의 단어를 배웠다.[16]

망아지처럼 행동하던 소녀의 잠재력을 끌어낸 것은 새로운 세계에 대한 지각, 할 수 있고 해냈다는 뿌듯함이었다.

유능성 욕구는 결과보다는 과정을 더 지향한다. 인라인스케이트를 배우거나 악기를 연습하는 경우를 떠올려보자. 아이들은 누가 독려하지 않아도 쉽게 몰입한다. 사람들은 무언가를 이전보다 잘하게 되는 과정 자체에 만족감을 느끼기 때문이다.

헬렌 켈러를 만든 힘은 단지 어제와 달라진 자신의 모습을 확인하는 것이었다. 선생님이 지도해주었지만 진정한 변화를 이끌어낸 사람은 그녀 자신이었다.

해냈다는 성취감은 세상 어떤 게임으로도 대신할 수 없다. 해내는 과정에 푹 빠져 있을 때면 시간이 어떻게 흐르는지 잊기도 한다. 그것이 바로 몰입이다.

몰입 이론을 만든 심리학자 칙센트미하이(Mihaly Csikszentmihalyi) 교수에 따르면, 사람들이 몰입하는 순간은 '결코 만만치 않지만 실패가 두려울 만큼 어렵지 않은 일을 할 때'다. 해낼 수 있는 확률이 높기 때문이다. 일단 스스로 해내고 나면 그다음부터는 몰입이 쉬워진다.

아이의 성장 욕구를
꺾는 방법

반대로 누군가로부터 "틀렸어!" 하고 지적당하는 순간을 떠올려보자. 이런 말을 들으면 웬만한 성인들도 어깨에 힘이 빠진다. 그 지적이 나의 특정 행동이 아닌 능력 전반을 규정하는 것일 때는 더더욱 힘을 잃는다. 가령 부모가 "너는 왜 제대로 하는 게 없냐"라고 말한다면 이는 곧 아이의 성장 욕구를 단칼에 베어버리는 격이다. 뿐만 아니라 자녀가 힘들 것을 예상해 쉽게 할 수 있도록 도와주는 것 또한 의도치 않게 무능하다는 메시지를 심어주어서 부작용을 초래한다.

동기를 높이는 데 있어서 유능성은 자율성과 헤어질 수 없는 단짝이다. 자신의 행동을 자신이 통제하지 못한다고 느끼면(누가 시켜서 한 행동이라면) 진정한 의미의 유능감을 느낄 수 없다. 유능성과 자율성, 이 두 단어를 합치면 "내가 해냈다" 정도로 풀이할 수 있다. 다르게 말하면 '성공 경험'이며, 이는 자존감의 중요한 한 축이다. 자존감은 할 수 있다는 느낌과 사랑받고 있다는 느낌의 두 축으로 이루어진다. 인간은 한 번 해내고 나면 더 어려운 일에 도전하고 싶은 욕구가 생기는데, 이 과정이 반복되면 실패를 견딜 수 있는 힘도 강해진다.

태어난 지 얼마 안 되어 스스로 놀라울 정도로 많은 일들을 해내던 아기들의 능력이 소멸되는 이유는 욕구가 제대로 충족되지 못해서다. 너무 높은 목표, 노력과 과정에 대한 부정, 과잉 도움과 같은 양육 환경은 아이를 자율성과 유능성 욕구에서 점점 멀어지게 할 뿐이다.

나를 믿어주는 단 한 사람
❸ 관계성 욕구

관계성은 남들과 친밀감을 유지하려는 욕구다. 이는 '친해지고 싶다. 관심 받고 싶다. 도움을 주고 싶다'와 같은 마음으로 표현된다. 우리 주위에는 수고를 아끼지 않고 SNS에 좋은 글을 올리는 사람들이 있다. 페이스북은 이 지점에 착안해서 만들어졌다. 창업자인 마크 저커버그는 삶에서 가장 중요한 것으로 가족과 친구를 꼽는다.

누구나 빈곤한 가정에서 태어나 훌륭하게 성장한 인물의 이야기를 들으면 '그것이 실제로 어떻게 가능하지?'라는 생각이 든 적이 있을 것이다. 여러 요인이 복합적으로 작용했겠지만, 에드워드 데시 교수는 '관계 욕구를 채워줄 누군가를 만났을 가능성'에 주목한다. 그 누군가는 부모거나 조부모일 수 있고, 스승이거나 선배, 친구일 수도 있다.

베토벤은 아버지를 영원히 불편하고 두려운 존재로 여겼으나, 어머니에 대해서는 평생 그리움을 간직하며 살았다. 그가 아버지로부터 학대에 가까운 교육을 받고도 음악을 포기하지 않은 데는 어머니의 힘이 절대적이었다. 어머니가 세상을 떠난 뒤 베토벤이 지인에게 보낸 편지에는 어머니에 대한 감사함이 고스란히 담겨 있다.

어머니는 나에게 너무나 다정하고 친절한 분이었으며, 실제로 나의 가장 좋은 친구였습니다. 내가 어머니의 감미로운 이름을 부르고, 또 어머니께서 대답을 하시곤 하였을 때 나보다 더 행복한 사람이 있었을까요?[17]

스티브 잡스는 1995년 한 시상식 인터뷰에서 "저와 많은 시간을 함께한 두세 사람을 만나지 못했더라면 저는 결국 감방 신세나 졌어야 하리라는 걸 잘 알고 있습니다"라고 말했다. 그에게 부모님 다음으로 영향을 준 사람은 4학년 때 만난 테디 힐 선생이었다. 훗날 스티브 잡스는 그를 가리켜 "내 인생의 성녀 중 한 분"이라고 회고했다.

테디 힐은 스티브 잡스가 까다롭지만 비상한 아이라는 것을 확신하고 인내를 가지고 배움에 대한 열정을 되살려주었다. 그러면서 반항아 스티브 잡스는 달라지기 시작했다.[18]

사회과학 역사상 가장 유명한 프로젝트 중 하나인 '하와이 카우아이 섬 종단 연구'는 인간의 관계 욕구를 뒷받침하는 강력한 증거로 제시된다. 하와이 군도 끝에 있는 작은 섬 카우아이. 주민 대다수가 범죄자나 알코올중독자 혹은 정신질환자였다. 출생 환경이 성인으로 자라나는 데 영향을 줄 것이라는 가설 아래 대대적인 프로젝트가 시작됐다. 1955년, 이곳에서 833명의 아이들이 태어났는데, 이들을 연구하기 위해 의사, 사회복지사, 심리학자와 같은 전문가들이 대거 참여했다.

심리학자 에미 워너(Emmy Werner)는 이 중 고위험군으로 분류된 201명의 아이들에게 특히 주목했다. 가설대로 이 아이들은 대부분 커서 사회부적응자가 됐다. 그러나 그중 3분의 1에 해당하는 72명 만큼은 예측이 완벽하게 빗나갔다. 이 아이들은 부유한 환경에서 자란 아이들보다 더 도덕적이었고, 학교 성적도 우수했으며, 타인에게 모범적이었다.

질문은 바뀌었다. '어떻게 열악한 환경에서도 훌륭하게 성장할 수 있을까?' 비밀은 '단 한 사람'의 존재. 잘 자란 아이들의 주변에는 자신을 믿어주는 누군가가 있었다. 그 사람은 부모, 조부모, 친척 혹은 마을 이웃이나 선생님이었다. 하와이 카우아이 섬 연구는 회복탄력성 연구의 시초가 됐다.

꼭 어렵게 성장한 사람들에게만 관계가 중요한 것은 아니다. 빌 게이츠는 인생 최대의 멘토로 아버지를 꼽지만 친구 앨런을 "완전히 신뢰할 수 있는 사람"이라고 말하기도 한다. 내 곁의 누군가, 그 단 한 명의 존재는 나의 인생을 통째로 바꿀 정도로 막강하다. 내가 사랑받을 자격이 충분하다고 느끼는 감정인 이 관계성 욕구는 자존감의 중요한 한 축을 이룬다.

신뢰하지 않으면
도전도 없다

어느 날 무대에서 사라진 가수 이소은. 청소년들에게는 낯설 수 있지만 3, 40대들은 「키친」, 「서방님」, 「닮았잖아」 등 다수의 히트곡을 부른 가수로 기억한다. 그런 그녀가 2017년 다시 무대로 돌아왔다. 6년 만이다. 그런데 직업이 가수 겸 미국 국제중재법원 변호사다. 그녀는 이렇게 말한다. "지금은 다른 일을 하지만 가수로서 은퇴한 적은 없어요. 내가 사랑하는 것, 관심 있는 것들을 다 해보고 싶어요."[19]

누군들 원하는 것을 하고 싶지 않을까. 언론과의 인터뷰를 통해 그녀의 언니가 세계적인 피아니스트 이소연이라는 사실도 알려졌다. 두 자매의 이름이 포털사이트 실시간 검색어에 오르내리자 관심이 그녀의 부모에게 쏠린 것은 당연했다.

그녀는 성공을 부모님의 공으로 돌린다. 로스쿨에서 꼴찌를 하고 실의에 빠졌을 때 아버지는 딸에게 편지를 썼다. "아빠는 너의 전부를 사랑하지 네가 잘할 때만 사랑하는 게 아니야." 아버지는 두 딸이 힘들어할 때마다 "잊어버려"라는 말을 자주했다. 언니가 처음 국제 콩쿠르 1차에서 떨어졌을 때도 처음 한 말이 "우리 고기나 먹으러 갈까?"였다.[20]

어떤 상황에서도 믿어주고 기다려주는 아버지. 그런 사랑을 충분히 느끼고 자란 아이. 관심 있는 것들을 다 해보고 싶다는 그녀의 다짐이 막연한 소망으로 들리지는 않는다.

관계를 통해 얻는 심리적 지지는 자율성과 유능성에도 큰 영향을 끼친다. 이 힘은 반대의 상황을 상상해보면 쉽게 와 닿는다. 나에게 영향력을 미치는 사람(부모나 직장 상사)이 나를 신뢰하지 않거나, 무언가 해보려고 하는데 불안감을 잔뜩 심어주면 시도 단계에서 이미 무릎을 꿇을 수 있다. 인간이라는 사회적 동물은 인간과 세상의 관계를 떼어 놓고 설명할 수 있는 게 거의 없다.

욕구가
재능을 깨운다

자율성, 유능성, 관계성이라는 3대 기본 욕구는 서로 영향을 끼친다. 또한 행복과 성공에 직결되기 때문에 어떤 일을 하더라도 잘만 접목하면 기대 이상의 효과를 낼 수 있다.

가령 운동을 할 경우 귀찮음을 무릅쓰고 건강을 목적으로 시작할 수 있지만, 어떻게 접근하느냐에 따라 질적으로 완전히 달라질 수 있다. 누가 시켜서가 아니라 본인이 선택했을 때(자율성), 하루하루 몸의 상태가 개선되는 것을 느끼고 더불어 자연스럽게 목표 수준을 높일 때(유능성), 마지막으로 좋아하는 사람들과 함께할 때(관계성) 운동은 신체 훈련이 아니라 그 자체가 놀이가 된다.

칙센트미하이는 사람들이 여가를 즐길 때보다 업무에 충실할 때

몰입 상태를 더 자주 경험한다는 역설을 제시했다. 일을 하는 환경이 여가 행위를 할 때보다 적절한 목표와 도전 그리고 피드백을 경험하기에 훨씬 유리하기 때문이다.

자기주도적 인재가 필요한 시대

3M을 세계적인 기업으로 키운 윌리엄 맥나이트(William McKnight) 회장은 일과 인간의 본질을 꿰뚫은 사람이다. 3M은 포스트잇(post-it) 등 일상에서 발견되는 고민거리를 해결해주는 상품을 개발함으로써 세계적으로 성공을 거두었고, 그로 말미암아 경영학에서 창의성의 대표 사례로 종종 언급된다. 윌리엄 맥나이트 회장은 자기결정성 이론을 경영에 접목시켜 놀라운 기적을 일으켰다.

윌리엄 맥나이트가 CEO가 되어 한 일을 한마디로 말하면 '간섭을 줄이고 자유로운 연구 활동을 할 수 있도록 지원해준 것'이다. 그는 말이 아닌 제도로써 직원들을 격려했다. 대표적인 예가 엔지니어에게 업무 시간의 15%를 자신이 선택한 프로젝트에 할애할 수 있도록 보장해준 것이다. 그 결과 직원들은 창의적 아이디어로 회사에 기여했다. 그의 경영 철학을 간추리면 다음과 같다.

1. 유능한 사람을 고용했으면 그냥 놔둬라(자율성)
2. 시간이 소모되더라도 실험적인 일을 장려하라(유능성)
3. 처음에는 멍청하게 들릴지라도 아이디어를 가진 사람들의 이야기를 경청하라(관계성)

윌리엄 맥나이트의 경영 철학은 이후 많은 기업에 모범이 됐다. 그의 철학은 시대가 요구하는 것이기도 했다. 점차 경쟁이 치열해지면서 기업은 창의적 사고와 실행력으로 부가가치를 높일 수 있는 자기주도적인 직원이 필요해졌다. 자율복장과 선택근무제같이 선택권을 보장하는 제도는 이제 어디서나 흔히 볼 수 있다.[21]

사소한 간섭의 부정적 효과

그러나 조직 문화에 있어서는 아직도 갈 길이 멀다. 부하직원이 만든 문서를 직접 고치는 등 사소한 것까지 자율성을 빼앗는 사례는 여전히 비일비재하다. 오랫동안 전 세계 리더들을 연구해 『멀티플라이어』를 쓴 컨설턴트 리즈 와이즈먼(Liz Wiseman)은 리더의 이런 행동은 암묵적으로 "너는 스스로

일을 해낼 정도로 유능하지 않다"고 교묘하게 말하는 것과 같다고 한다.[22]

부모와 비교하면 자녀 주위를 맴돌며 일일이 간섭하는 헬리콥터형에 해당한다. 아이의 인생에 개입할수록 "너는 아직 많이 부족해"라는 부정적 메시지만 반복해서 주입하는 것과 다르지 않다. 이렇듯 회사의 조직 문화와 가정 문화의 중심에는 결국 사람이 있다. 이는 본질에 있어서 결코 다르지 않다.

아이의 날개를 펼친 부모

앞서 언급했던, 15세에 췌장암 진단법을 발견해 의료 혁신을 일으킨 잭 안드라카를 자기결정성 이론의 세 가지 관점(자율성, 유능성, 관계성)에서 살펴보자.

첫째, 좋아하는 일을 선택할 수 있는 자유(자율성 욕구). 부모에 따라서는 중요한 시기에 웬 췌장암 타령이냐며 말렸을 수도 있는 일이다. 잭의 부모가 아이에게 쓸데없는 일 따위 하지도 말라고 했다면 애당초 잭은 그 일을 시작하지 못했거나 했더라도 중도에 포기했을 것이다. 췌장암에 대해 자료를 조사하고 진단법을 찾는 과정에서 부모의 걱정은 있었지만 금지나 강요는 없었다. 오로지 잭이 선택한 숙제들이었다.

둘째, 꼬리에 꼬리를 무는 호기심(유능성 욕구). 궁금한 것은 끝까지 물고 늘어져 답을 찾았고, 즉각적으로 실천했다. 잭의 호기심은 수많은 실패를 낳았다. 그는 4000개의 단백질을 일일이 확인하며 췌장암을 판별해낼 수 있는 단백질을 찾아냈다. 이는 곧 4000번의 실패를 경험했다는 의미다. 부모가 아이의 이런 과정에 개입하지 않고 실패를 경험하도록 내버려두었다는 것은 성공 경험과 관련해 중요한 시사점을 준다. 배움은 스스로 도전하고 그에 따른 실수를 깨닫는 경험의 총체에서 비로소 자기 것이 된다.

셋째, 언제나 믿어주는 사람(관계성 욕구). 부모님은 잭이 하는 일을 기다려주었다. 아들을 자신과 같은 하나의 고유한 인간으로 존중했기에 가능한 일이었다. 잭은 자신이 게이라는 것을 알고 커밍아웃할 수밖에 없었던 때를 인생에서 가장 힘든 시기였다고 말한다. 그가 게이라는 사실이 학교 담장을 넘어가자 한 학부모가 그가 어머니에게 전화를 해서 소문이 맞냐고 물었다.

어머니는 잭에게 확인하고 싶었다. "잭, 그게 사실이니? 너 게이야?" 잭이 겨우 한 대답은 "네" 한마디였다. 어머니는 "그것 때문에 계속 고민했어?"라고 말했다. 보통의 부모라면 그 순간 어떤 이야기를 했을까. "잭, 우린 상관없어. 그것도 네 일부잖아. 엄마 아빠는 널 사랑해." 잭의 가장 힘든 시기는 그렇게 지나갔다.

잭의 부모는 잠재력을 깨우는 3대 욕구를 충족시키는 데 있어서 제1의 조력자였다. 잭이 자신의 부모를 향해 "최고의 부모"라고 찬사를 보내는 데는 그럴 만한 충분한 이유가 있었다.

잭은 "자신의 잠재력을 깨닫는 것이 세상을 바꿀 수 있는 힘"이라고 말한다. 그가 어린아이답지 않은 말을 과감히 할 수 있는 것은 기적을 경험했기 때문이다.

욕구는 누구에게나 있는 본능이다. 그렇다면 우리 아이를 어떻게 키울 것이냐에 대한 답은 이미 나온 셈이다. 원래부터 가지고 있는 능력의 불씨를 되살리는 것. 인간에 대한 공부가 자녀를 가장 잘 키우는 지름길이다.

· · ·

2부

가르치지 마라!

: 호기심과 경험이 잠재력을 깨운다

마크 트웨인의 모험에서
『톰 소여의 모험』으로

'영국에 셰익스피어가 있다면 미국에는 헤밍웨이가 있다.' 미국인
들의 헤밍웨이에 대한 자부심이 얼마나 큰지를 잘 보여주는 말이
다. 그렇게 추앙받는 헤밍웨이가 아프리카에서 맹수 사냥 경험과
문학론을 접목시킨 자신의 에세이집 『아프리카의 푸른 언덕(Green
Hills of Africa)』에서 이런 말을 했다.

현대 미국 문학은 마크 트웨인의 『허클베리 핀의 모험』이라는 책 한
권에서 비롯됐다. 그 이전에는 아무것도 없었다. 이후에도 그만큼 훌
륭한 작품은 없었다.

미시시피 강에서
건져 올린 대작

〰〰〰〰〰

작가 마크 트웨인은 미국 현대 문학의 효시로 평가받는다. 지금부터 마크 트웨인의 어린 시절을 따라가 보자.

마크는 플로리다에서 가난한 개척민의 아들로 태어나 4세 때 부모님을 따라 미시시피 강가로 이사를 왔다. 11세에 법정의 서기였던 아버지가 세상을 떠나자 생활이 더 어려워졌고, 소년 마크는 인쇄 견습공 일을 하게 된다.

돈을 많이 벌고 싶었지만 길이 보이지 않았다. 20대에도 수로 안내인과 광부 일을 전전할 만큼 형편은 나아지지 않았다. 여기서 잠깐 질문을 해보자. 그 당시의 마크를 보고 위대한 작가를 점친 사람이 한 명이라도 있었을까? 아마 없었을 것이다.

마크는 어려운 가운데서도 독서만큼은 게을리하지 않았고, 차츰 문학에 매료되면서 어느 날엔가 잡지에 기고를 시작했다. 그러다 32세에 첫 단편집 『뜀뛰는 개구리』를 내놓았고, 마침내 40대에 『톰 소여의 모험』, 『왕자와 거지』를 히트시키며 당대 최고의 작가로 등극한다.

변변한 교육을 받지 못한 마크를 대작가로 키운 일등공신은 글쓰기 공부가 아니라 경험이었다. 특히 미시시피 강을 놀이터 삼아 뛰어놀던 어린 시절의 경험은 절대적이었다. 『톰 소여의 모험』은 사실상 그의 자전적 소설이나 마찬가지다. 작품의 사건들은 어린 마크가 경험하거나 목격한 사실에 토대를 두고 있다. 작품의 주인공인 톰은 마크 친구들의 성격을 모두 합친 인물이며, 그 자신도 끊임없이 장난과 모험을 즐기는 아이였다.

사소한 경험에서 탄생한 『노인과 바다』

작은 선택이 훗날의 인생의 터닝 포인트가 되기도 한다. 아름다운 추억이 삶에서 중요한 기준이 되기도 하고, 습관이 인재의 발판이 되기도 하며, 작은 일화가 진로를 열어주기도 한다. 특히 글을 쓰는 작가에게 경험은 떼놓고 생각할 수 없을 만큼 절대적인 영향을 미친다.

자신이 직접 체험한 것만큼 생생하게 표현할 수 있는 글쓰기 재료가 또 있을까. 특히 무엇을 하든 놀이로 기억되는 경험은 돈으로 사거나 배워서 채울 수 있는 성질이 아니다.

헤밍웨이의 작품 가운데 특히 삶에 대한 묘사가 빛을 발하는 이유도 모두 이 경험 덕분이다. 그 자신 역시 스스로를 경험을 바탕으로 글을 쓰는 작가라고 말할 정도다.

『노인과 바다』,『큰 두 갈래의 강』 등의 작품에 자연이 잘 묘사되어 있는 것은 사냥과 낚시를 좋아한 아버지를 따라다니며 놀았기 때문에 가능한 일이었다. 아버지가 그랬던 것처럼 낚시와 사냥 그리고 술과 대화는 그대로 평생 그의 취미가 됐다.

「우리 시대에」라는 제목의 단편소설은 헤밍웨이 자신이 성장하며 겪은 일들을 바탕으로 했으며, 제1차 세계대전 당시 구급차 운전사로 전쟁에 참여해 7세 연상의 간호사를 사랑했던 경험은 『무기여 잘 있거라』의 소재가 됐다. 스페인 내전을 배경으로 하는 『누구를 위하여 종은 울리나』 또한 그가 전쟁 통에 직접 겪은 전우애를 배경으로 한다.

불행한 환경에서 피어난
아름다운 동화

덴마크의 동화작가 안데르센의 아버지는 구두 수선공이었다. 역사책과 성경을 읽고 깊이 사색할 정도로 학구적이었으나 가난 때문에 학자의 길은 꿈도 꾸지 못했다. 어머니는 이름조차 제대로 쓰지 못할 정도로 배움이 짧았다.

안데르센은 수도원에 있는 학교에 입학했다. 하지만 친구들은 그의 비쩍 마른 몸과 창백한 얼굴을 손가락질하며 놀려대기 일쑤였고, 견디지 못한 안데르센은 학교를 그만두었다. 설상가상으로 아버지마저 돌아가시자 어머니는 더 많은 일을 해야 했고, 어린 안데르센도 공장을 전전하며 일을 했다.

이런 환경에서 어떻게 세계적인 동화작가가 탄생했을까. 안데르센은 이렇게 말한다. "내가 살아온 인생사가 바로 내 작품에 대한 최상의 주석이 될 것이다."

가난과 결핍이 어우러져 만들어낸 경험은 그에게 더할 나위 없는 자양분이 됐다. 『인어공주』는 자신이 끝내 이룰 수 없었던 사랑의 아픔을 담아낸 작품이며, 『성냥팔이 소녀』는 자신의 어머니가 구걸에 가까운 일을 해야 했던 시절의 이야기를 소재로 삼았다. '못난 오리 새끼'가 '아름다운 백조'가 되는 과정을 그린 『미운 오리 새끼』는 깡마른데다가 못생긴 외모로 놀림을 받았던 안데르센의 삶 자체였다.

"나에게는 온갖 종류의 글을 쓰고도 남을 수많은 글감이 있다. 이 글감들이 꽃처럼 하늘거리며 자주 내게 말을 걸어온다. 인생의 쓴 잔에서 흘러나오는 작은 물줄기나 한 가닥 햇살만 있으면, 아니 단 한 방울의 슬픔이 떨어지기만 해도 그 씨앗은 싹을 틔우고 꽃을 피워냈다."

다양한 인간과 사회의 모습을 생생하게 그려내는 그의 글 솜씨는 전적으로 경험의 힘이다.

독창적인 콘텐츠는
경험에서 나온다

일본의 애니메이션 감독인 미야자키 하야오(宮崎駿)의 작품에 비행 장면이 유독 자주 등장하는 것은 어릴 때 그런 광경을 자주 접했기 때문이다. 그의 아버지는 군수 공장을 경영했고 그 덕분에 하야오는 수시로 공장을 들락거리며 마음껏 비행기를 볼 수 있었다.

조선시대의 실학자이자 소설가 연암 박지원은 아버지를 일찍 여의고 할아버지 손에서 자랐다. 할아버지는 어린 손자가 불쌍해 글을 가르치지 않고 실컷 놀게 했는데, 박지원은 주로 하급 관리나 노비의 자녀들과 어울렸다. 박지원은 그 생생한 기억들을 『양반전』, 『허생전』, 『호질』에 익살스러운 언어로 녹여냈다.

작가들은 보고 듣고 경험한 것을 이야기로 풀어내는 재주꾼들이다. 많은 작가들이 누구나 자신만의 콘텐츠가 있다고 말한다. 이는 곧 경험의 다른 이름이다.

작가는 원석을 가공하는 사람이다. 따라서 작가가 되려는 사람은 먼저 원석을 찾아내고 키워야 한다. 그것은 곧 경험의 폭을 넓혀주는 일이다.

아이를 꿈꾸게 만든 제인 구달의 어머니

"아빠, 당근 하나 더 사주면 안 돼요?" 아이는 벌써 세 번째 같은 말을 했다.

가족 여행으로 찾은 제주도에는 눈길을 사로잡을 만한 것들이 많았다. 그 가운데 7세 아이가 유독 관심을 보인 것은 농장 귀퉁이에 있는 토끼 우리였다. 토끼라는 동물이 재미있는 것인지, 먹이를 주는 게 좋은 것인지 알 수는 없었다. 이제 그만하고 더 재미있는 것들을 보러 가자고 해도 아이는 도무지 자리를 뜨려고 하지 않았다.

다음 일정이 예약되어 있던 터라 간신히 설득하고 귤 재배 체험 농장으로 향했다. 얼마 가지 않아 아이가 다시 멈춰 섰다. "아빠 당근 한 번만 사주면 안 돼요?" 이번에는 염소였다. 잠시 생각이 스쳤다. 아이들은 원래 동물을 좋아하나? 아니면 우리 아이가 특히 동물을 좋아하는 건가?

떡잎부터 알아보지 못해도 좋다

어쩌면 제인 구달의 부모도 처음에는 나와 비슷한 생각을 가졌을지 모른다. 1939년 어느 날, 5세의 꼬마 제인은 벌써 몇 시간 째 닭장 안에 웅크리고 앉아 있었다. 날씨는 후덥지근했고 지푸라기 때문에 다리가 근질거릴 법도 하건만 아이는 잘도 참아내고 있었다.

그러다 갑자기 닭이 몸을 흔들었고, 하얀 물체가 짚 위로 떨어졌다. 닭이 알을 낳는 광경을 처음 본 제인은 신이 나서 집까지 한걸음에 달려갔다. 제인이 없어진 줄만 알았던 어머니가 경찰에 실종신고를 하기 직전이었다. 하지만 어머니는 한껏 고무되어 있는 딸을 혼내지 않았다. 오히려 딸이 늘어놓는 이야기들을 차분히 들어주었다.

침팬지에 대한 획기적인 사실들을 발견해낸 동물학자이자 환경운동가 제인 구달(Valerie Jane Goodall)은 '동물의 행동을 관찰한 이 최초의 경험'을 평생 잊지 못했다. '도대체 달걀이 나올 만한 큰 구

멍이 몸 어디에 있는 걸까?'

꼬마 제인은 궁금증을 풀기 위해 직접 알아보기로 했다. 그러나 닭에게 가까이 다가서는 일은 생각보다 어려웠다. 조금만 부스럭거리는 소리를 내도 닭은 놀라서 뛰쳐나가버렸다. 제인은 수차례의 실패 끝에 방법을 찾아냈다. 제인은 닭이 돌아오기 전에 닭장에 미리 들어가 달걀을 낳을 때까지 기다리기로 했다. 그래서 그렇게 오랫동안 닭장에 웅크리고 앉아 있었던 것이다.

제인은 어릴 때부터 자연을 관찰하며 시간을 보내기를 좋아했다. 개와 고양이, 달팽이, 지렁이 등 식물보다 동물에 관심이 많았다. 그렇다고 남다른 아이라는 소리를 듣지는 않았다. 그런 아이들은 어디에나 흔히 있었기 때문이다. 게다가 특출한 재능이 있었는지도 알 수 없다. 그녀의 자서전 어디에도 그런 이야기는 없다. 그녀는 그저 정원에서 많은 시간을 보내고 실내보다 바깥에 나가기를 좋아하는 평범한 소녀에 불과했다.

작은 점이 모여 길을 이룬다

제인의 나이 7세 무렵의 어느 날, 어머니는 동네 도서관에서 휴 로프팅이 쓴 『둘리틀 선생 아프리카로 간다』라는 제목의 책을 빌려다 주었다. 동물을 좋아하는 딸이 기뻐하리라는 예감은 적중했다. 동물을 사랑하고 동물과 대화를 하는 신비한 능력을 가진 둘리틀 박사의 삶은 어린 제인을 단번에 사로잡았다. 책을 반납하기 전까지 세 번이나 읽어 치웠다. 심지어 할머니가 그 책을 크리스마스 선물로 사준 이후로는 매일매일 읽고 또 읽었다.

제인은 각종 동물에 관한 책을 손에 잡히는 대로 읽기 시작했다. 『정글북』을 읽을 때는 늑대에게 길러진 모글리가 되었고,『타잔』을 읽을 때는 타잔의 여자친구가 되어 밀림을 누비는 꿈을 꾸었다. 그러면서 점차 야생의 동물들을 직접 보고 싶다는 생각을 했다. 제인은 인생을 되돌아볼 나이가 되어 비로소 떠올린다. '언젠가 아프리카로 가겠다고 처음으로 마음먹었던 때가 바로 그 어린 시절 아니었을까?'

초등학교에 들어간 제인은 친구들을 모아 자연관찰 모임을 만들었고 '악어클럽'이라는 이름도 지었다. 악어클럽 아이들은 숲속에 비밀 캠프를 만들고 한밤중에 몰래 나와 모이기도 했다. 제인은 자연을 관찰하며 궁금한 것들은 책에서 찾아 읽었고, 새롭게 알게 된 것들은 기록했다. 악어클럽 아이들은 여기에 수집품을 더해 온실에 자기들만의 박물관을 만드는가 하면, 어른들에게 동물 보호를 위한 기부금을 받아 회보를 만들기도 했다.

'모든 경험은 미래와 연결된다.' 세기의 혁신가 스티브 잡스는 오래전부터 내려온 이 격언을 '점의 연결'이라는 은유로 강조했다. 예측할 수 없던 진로가 결국에는 어린 시절의 '소소한 경험'에서 비롯되었다는 증언은 모든 위인전과 평전에 예외 없이 기록되어 있다. 그들이 큰 인물이 되지 않았다면 너무 소소해서 남들에게 알리기 민망할 정도의 일들도 많다.

대중소설의 제왕 스티븐 킹(Stephen King)은 초등학교 1학년 때 몸이 아파 휴학한 적이 있다. 근 1년간 집 안에 틀어박혀 만화책만 읽었다. 그러다 글을 쓰고 싶다는 생각이 들어 만화책에 있는 좋은 내용들을 공책에 옮겨 적고는 적당한 곳에 설명을 덧붙였다. 어느 날 이 작품(?)을 어머니에게 보이자 어머니는 믿기지 않는다는 듯이 감탄을 연발했다.

대부분을 만화책에서 베꼈다고 실토하자 어머니는 실망스럽다는 표정을 지었다. 어머니는 공책을 돌려주며 이렇게 말했다. "기왕이면 네 이야기를 써보렴. 너라면 훨씬 잘 쓸 수 있을 거야."

스티븐은 그 말을 들었을 당시 "엄청난 '가능성'이 펼쳐진 것 같은 느낌이 들었다"고 회고한다. 그때부터 스티븐은 이야기를 쓰기 시작했다. 동화를 썼는데 심지어 초등학교 때 이미 돈을 내고 사는 친구가 있을 정도로 인정을 받았다. 이후 작가로 향하는 길에 큰 변수는 없었다. 어머니는 스티븐이 훗날 세계 최고의 베스트셀러 작

가가 되리라고 예측했을까. 기적의 시작은 사소한 경험과 작은 격려였다.[1]

『파브르 곤충기』로 유명한 생물학자 파브르는 가난한 집에서 태어나 4세 때부터 시골 할아버지 집에서 지냈다. 아이는 그곳에서 벌레의 생김새를 관찰하는 것을 즐겼다. 그러나 그 아이가 곤충학이라는 새로운 학문을 개척하리라고는 같이 살던 할아버지도 예상하지 못했다.

농부 그림으로 유명한 화가 밀레는 이른 나이부터 부모를 도와 밭일을 했는데 이때의 경험은 훗날 그의 모든 작품에 거의 반영됐다. 어린 시절의 그는 자신이 농부의 아들로 태어난 것을 감사히 여기기나 했을까.

빌 게이츠의 아버지는 회고록에서 "빌은 보이스카우트 활동을 할 때 활동비를 마련하기 위해 집집마다 문을 두드리며 땅콩을 팔았는데 그때 구매 결정에 영향을 미치는 요인이 무엇인지, 제품에 적합한 시장을 찾는 것이 얼마나 중요한지 나름대로 깨달은 것 같다"고 말한다.[2]

아마존닷컴의 창립자 제프 베조스(Jeffrey Preston Bezos)는 한 인터뷰에서 "어린 시절 목장에서 놀던 경험이 기업가의 꿈을 키우는 데 중요한 자양분이 됐다"고 말한다. 그는 여름방학이면 할아버지의 농장에서 소떼를 몰거나 농기구를 만지작거리며 놀았는데, 그 시절에 자립심을 배웠다. 목장에서는 어떤 일이든 스스로 알아서 해야 하기 때문이다.

어린 시절의 작은 경험에서 파생된 호기심은 '점'을 더욱 왕성하게 '연결'시켜 점차 촘촘한 그물을 만든다. 어떤 우연한 사건이 걸려들지 모르지만 그물이 촘촘하고 클수록 확률도 커지는 법이다. 경험에 우연한 사건이 더해져 삶은 진짜 예술이 되기도 한다.

우연이 모여
필연을 만든다

무언가를 이루어낸 사람의 흔적에 점을 찍고 그것을 선으로 연결해보면, 마치 모든 것이 분명해보이고 필연처럼 해석된다. 그런데 시간을 되돌려도 과연 그럴까. 다시 말해 점을 찍기 이전의 상태에서는 어느 정도 예측이 가능할까.

동물을 사랑한 제인 구달의 길도 청소년기에 정해진 것이나 마찬가지였을까. 제인은 고등학교 때 전교에서 2, 3등을 다툴 정도로 공부를 잘했다. 그러나 학창 시절이 끝나갈 무렵 제인에게 고민이 찾아왔다. '졸업 후에는 무엇을 하지?' 동물을 관찰하고 동물에 관한 글을 쓰고 싶었다. 하지만 어떻게 그 일을 시작하고, 과연 그런 일을 하면서 먹고살 수 있을지 막막했다. 더군다나 대학에 갈 형편도 되지 않아 그녀의 고민은 더욱 깊어졌다.

고민 끝에 제인이 택한 것은 비서학교로의 진학이었다. 당시 형편으로 대학 진학이 어렵다 보니 취업에 유리한 쪽으로 진로를 선택한 것이다. 그녀는 잠시 병원의 비서로 근무하다가 이어 대학 행정실에 취업한다. 최선이 아닌 차선의 선택이라고 위안을 해도 일은 더할 나위 없이 지루했다.

아프리카에 가고 싶은 열망은 그녀의 마음 한편에서 여전히 꿈틀거렸다. 그녀는 여러 직업을 전전하며 틈만 나면 자연사 박물관에서 시간을 보냈다. 그러다 그녀에게 기회가 찾아왔다. 케냐로 이민을 간 동창이 그녀를 초대한 것이다. 제인의 나이 23세, 그녀는 식당 종업원으로 일하며 돈을 모아 드디어 오랫동안 꿈꿔왔던 미지의 대륙을 향해 떠난다.

케냐에서 임시직으로 일하던 제인은 어느 날 그녀의 꿈을 이루어줄 인류학자 루이스 리키(Louis Seymour Bazett Leakey) 박사를 만난다. 마침 박사의 비서가 일을 그만두면서 제인이 대신 그 일을 하게 된다. 루이스 리키 박사는 그녀에게 대학을 안 나와도 동물에 대한 열정만 있으면 연구자가 될 수 있다고 격려해준 인생의 스승이다.

"동물들은 자기가 살던 대로 두지 않으면 죽을 수도 있다"는 어머니의 말을 떠올린 제인은 루이스 리키 박사와 달리 야생 동물을 연구하기로 결심한다. 그러면서 인간과 가장 비슷하게 생긴 침팬지가 인류에 대한 해답의 실마리를 줄지도 모른다고 생각한다.

제인은 날마다 똑같은 옷을 입고 같은 장소에서 침팬지들을 바라봤다. 그러고는 침팬지들이 자기에게 익숙해질 때까지 기다렸다. 닭장에서 웅크리고 앉아 있던 어린 제인의 모습 그대로였다. 이렇게 침팬지들에게 다가가는 데만 무려 1년이 걸렸다. 제인은 동물의 삶을 방해하지 않고 함께 어울리기를 원했다. 보통 과학자들이 실험을 위해 동물들에게 번호를 붙이는 것과 달리 그녀는 동물 하나하나에 이름을 지어주었다.

그녀는 점차 자신의 꿈 가까이 다가갔다. 그것은 바로 7세에 만났던 둘리틀 박사의 삶이었다. 제인은 침팬지들과 함께 살며 그들도 인간처럼 도구를 제작해 사용하는 능력이 있다는 사실을 알게된다. 이는 세상을 놀라게 한 위대한 발견이었다.[3]

호기심에 불을 지피는 최고의 방법

～～～～～　　　　　　　　제인 구달은 자서전인『제인 구달: 침팬지와 함께한 나의 인생』에서 두 가지를 강조한다.

첫째, 인간들은 지나치게 오만하다. 결코 인간만이 합리적이며 감정을 느끼는 것은 아니다. 동물에 대해 알게 되면 살아 있는 모든 것들을 존중하는 마음을 배우게 된다.

둘째, 어릴 때 어머니가 가르쳐주신 것. 사람들은 제인의 꿈이 무모하다고 여겼다. 젊은 여자가 집을 떠나 멀리 야생동물을 관찰하러 간다는 것은 있을 수 없는 일이라고 말했다. 그때 어머니가 해준 말은 평생의 힘이 됐다.

네가 진실로 그것을 간절히 원하고 열심히 노력하며 기회를 붙잡는다면, 그리고 무엇보다 절대로 꿈을 포기하지 않는다면 네게 길이 있을 거야.[4]

어린 시절의 순수함은 주위를 둘러싸고 있는 모든 것들을 편견 없이 보고 만지고자 하는 욕구, 즉 호기심에 불을 지핀다. 소소한 관찰의 경험 혹은 한 권의 책은 그 자체로 평범한 일상처럼 흘러갈 수도 있다. 그러나 일상을 '별일'로 만들어 움직이게 하는 것은 호기심이다. 호기심은 자율성의 토양 위에서 왕성하게 자란다.

제인의 어머니는 자녀들의 선택을 가장 중요하게 생각했다. 그녀는 어머니로부터 이런저런 식으로 생각해보라는 강요를 받은 적이 없다. 어머니는 제인과 여동생이 자유롭게 자라도록 내버려두었고, 커다란 지침만 알려주었을 뿐 결코 명령은 하지 않았다.

세상의 모든 아이들은 못 말리는 호기심을 가지고 태어난다. 이미 잠재력을 키워낼 능력을 가지고 태어난다는 뜻이다. 따라서 '아이의 호기심을 어떻게 키울 것인가' 하는 질문은 성립할 수 없는 명제다. 이 질문을 '어떻게 하면 아이의 호기심을 꺼트리지 않을 것인가'로 바꿔보자. 그러면 부모로서 해야 할 일이 더 명확하게 보일 것이다.

숨겨진 재능을
깨우는 우연의 힘

사람들은 그 아이를 대할 때마다 우둔하다고 말했다. 아이는 4세가 되어서야 말을 시작했고, 7세가 되어서야 겨우 글을 읽기 시작했다. 자기가 한 말을 몇 번이고 되풀이하는 이상한 버릇도 있었다. 그 때문에 때때로 저능아 혹은 정신지체아라는 의심의 눈초리를 받았다. 친구들과도 잘 어울리지 못했다. 선생님은 아이가 커서 어른으로서의 역할을 해낼 수 있을지, 진심으로 걱정했다.

아이는 어른이 되었고, 여전히 제대로 풀리는 일이 없었다. 학자가 되고 싶었으나 대학에 제출한 박사 학위 논문은 퇴짜를 맞았고, 교사직조차 구하지 못했다. 세상의 과학적 질서를 뿌리째 뒤흔들 이론을 발표하기 전까지 그는 특허국의 일개 직원으로 일했다. 갈

릴레이와 뉴턴 이래 가장 위대한 물리학자로 평가받게 된 그는 바로 아인슈타인이다.

보이지 않는 물결

이 일화가 누군가에게는 느닷없는 성공처럼 보일 수도 있다. 하지만 아인슈타인은 전형적인 대기만성형 인물이다. 인생의 어떤 시점을 이야기하느냐에 따라 그에 대한 평가는 다를 수밖에 없다.

케인스 혁명이라 일컬어지는 이론을 펼쳐 전 세계를 대공황의 늪에서 구한 영국의 경제학자 존 케인스(John Maynard Keynes). 그는 3세 때 알파벳을 익힐 정도로 영특한 아이였다. 명문인 이튼스쿨을 거쳐 케임브리지대학에 입학하기까지 그의 여정은 누가 봐도 엄친아 코스였다. 그러나 그런 그도 한때는 꼴찌였다는 사실을 아는 사람은 그리 많지 않다.

초등학교에 들어간 존 케인스는 수업에 제대로 집중하지 못했다. 성적은 바닥이었고, 공부에 대한 부담으로 말을 더듬기까지 했으며, 결석을 밥 먹듯 했다.

이처럼 한 사람의 인생을 단면만으로 함부로 판단하고 평가할 수는 없다. 성공과 실패라는 관점에서는 더더욱 그렇다. 아름드리 나무도 그 시작은 작은 씨앗에서 비롯된다. 수많은 인과관계도 시작과 과정을 모두 아우를 때 비로소 그 의미를 찾을 수 있다.

아인슈타인과 스티브 잡스, 벤저민 프랭클린의 전기를 쓴 월터 아이작슨(Walter Isaacson)은 위인의 인생에 중대한 영향을 미친 어릴 적의 경험에 주목한다.

사소한 질문에서 위대한 질문으로

아인슈타인에게 중대한 영향을 끼친 것 중 하나는 그가 7세 때 아버지로부터 받은 나침반이었다. 나침반의 바늘이 북쪽을 가리키며 흔들리는 모습을 본 소년 아인슈타인은 잠을 이루지 못할 정도로 그 현상에 매료됐다. '아무 것도 만지지 않았는데 왜 이 물체는 이렇게 움직이는 걸까?' '바늘이 북쪽만 가리키는 이유는 뭘까?' 아인슈타인은 이 신기한 장난감을 통해 눈에 보이지 않는 힘의 세계가 존재한다는 사실을 느끼게 된다.

아인슈타인을 위대한 물리학자로 만든 것은 8할이 질문이다. 현대 경영학의 창시자라 불리는 피터 드러커(Peter Ferdinand Drucker)는 "노벨상을 탄 사람과 아닌 사람의 가장 큰 차이는 IQ나 직업윤리가 아니라 더 큰 질문을 던지는가, 아닌가이다"라고 말한다. 아인슈타인의 위대한 발견이 질문의 부산물이라면, 그 연습은 이미 어린 시절부터 시작되었다고 할 수 있다. 다만 시간이 조금 걸렸을 뿐이다.

역사를 바꾼
한 권의 책

〜〜〜〜〜〜

고대 트로이 유적을 발굴한 독일의 고고학자 하인리히 슐리만(Heinrich Schliemann)의 아버지는 학자는 아니었지만 고대 역사에 상당한 흥미를 가지고 있었다. 그는 종종 아들에게 호메로스의 작품에 등장하는 영웅들의 이야기를 들려주었다. 슐리만은 신비한 이야기라면 무엇이든 쉽게 빠져들었다. 집 뒤뜰에서 유령이 나온다는 소문, 마을에 전설처럼 내려오는 보물에 대한 이야기들을 철석같이 믿었다. 아버지가 집안 형편을 걱정할 때마다 그는 "왜 은 접시나 황금 요람을 파내서 부자가 되지 않는 거예요?"라고 의아한 표정으로 되물을 정도로 천진난만했다.[5]

슐리만은 특히 트로이 전쟁의 전설을 좋아했는데, 그는 그것들을 실제 있었던 일이라고 믿었다. 그가 8세가 되던 해, 아버지는 크리스마스 선물로 『어린이를 위한 세계사』라는 책을 사주었다. 책속에는 트로이의 거대한 성벽과 젊은 청년이 아버지를 들쳐 업고

불타는 트로이를 빠져나오는 장면들이 펼쳐졌다.

슐리만은 책 속의 그림을 보며 확신했다. 이 책의 저자는 트로이를 본 게 분명하며, 그렇지 않고서는 이런 그림을 그릴 수 없다고 믿었다. 그러자 아버지는 그림은 상상으로 그린 거라고 설명해주었다. 그럼에도 아들은 꼬치꼬치 캐물었다. "아버지, 만일 정말로 이런 성벽이 옛날에 있었다면 완전히 없어졌을 리 없어요. 틀림없이 수백 년 동안 흙먼지 속에 묻혀 있을 거예요."

하인리히 슐리만은 그날을 분명히 기억하고 있었다. 보통사람의 상상을 뛰어넘는 거대 프로젝트는 사실 8세 때부터 이미 시작된 셈이다. 그의 인생 목표는 트로이 발굴이었다. 돈을 버는 이유도, 외국어를 공부하는 이유도 모두 그 때문이었다. 그는 호메로스가 노래한 땅을 하나하나 밟아 나갔다.

'트로이는 신화인가 역사인가?' 1873년, 드디어 트로이의 역사적 실체가 드러나며 이 논란에 종지부를 찍었다. 하인리히 슐리만이 발굴한 유적지는 지중해 일대의 고대사를 밝히는 데 크게 기여했고, 그는 고고학의 선구자로 평가받게 된다.

하인리히 슐리만의 이 장대한 프로젝트는 놀랍게도 어린 아이의 왕성한 호기심에서 시작됐다. 아버지가 건네준 한 권의 책이 역사를 바꾼 것이다.[6]

경험 자극이라는
촉진제

~~~~~~~~

아인슈타인과 하인리히 슐리만의 어린 시절 이야기는 우연한 경험이 어떻게 잠들어 있는 재능을 깨우는지를 잘 보여준다. 대부분의 사람들은 재능이 '명료하게' 드러날 때야 비로소 '재능이 있었나보구나' 하고 깨닫는다. 그전까지 재능은 그저 남의 이야기에 불과하다. 부모라면 이런 질문을 하고 싶을 것이다. 재능이 발현되기 '이전 단계'에서 일어나는 일들을 조금 더 일찍 알아차릴 수는 없을까? 그럴 수 있다면 자녀의 인생이 좀 더 풍요로워지지 않을까?

아쉽게도 인간은 기계처럼 뚜렷한 지표를 가지고 있지 못하다. 그 대신 인간에게는 기계가 흉내 낼 수 없는 강력한 무기가 있다. 바로 경험이라고 하는 정서적, 물리적 자극이다. 이 경험 자극은 언제, 어디서 기지개를 켤지 모르는 재능을 깨우는 촉진제다. '진로 탐색'에 언제나 '다양한 경험'이라는 수식어가 따라붙는 이유도 이 때문이다. 부모의 눈과 손이 가야 할 곳이 바로 여기 아닐까?

부모와 함께하는 경험의 놀라운 효과

'바둑의 신'으로 불리는 이창호 기사는 11세라는 어린 나이에 프로에 입단했다. 이어 13세에는 최연소 국내 타이틀을, 17세에는 마침내 최연소 세계 챔피언까지 거머쥐었다.

이창호는 언제부터 이렇게 바둑에 빠지게 되었을까? 그는 초등학교에 들어가기 전, 할아버지를 따라 기원에 들락거리기 시작하면서 일명 '알까기' 놀이를 했다.

그러던 어느 날 늘 보던 바둑판과 바둑돌이 한 폭의 그림처럼 눈에 들어왔다. 소년 이창호는 그때부터 할아버지에게 바둑을 가르쳐달라고 조르기 시작했고, 할아버지와 손자는 바둑판을 사이에 두고 많은 시간을 함께 보냈다.

반항아를 리부팅시킨
가족들

~~~~~~~~~~~

이창호는 할아버지와 함께 바둑을 두던 어린 시절을 이렇게 기억한다. "그 재미있던 구슬치기, 딱지치기가 갑자기 시시해졌고 전자오락과 씨름은 계속했지만 예전과 같은 재미가 느껴지지 않았다."

자나 깨나 머릿속에는 네모난 바둑판이 들어차 있었다. 완전한 몰입의 경지였다. 실력은 눈에 띄게 늘었다. 배운 지 얼마 지나지 않아 할아버지를 가볍게 이기더니, 초등학교 3학년 때는 조훈현 9단의 내제자(스승의 집에서 살며 배우는 제자)가 됐다. 그로부터 6년 후인 중학교 3학년 때는 10년 이상 군림해온 스승 조훈현의 시대를 무너뜨리기에 이른다.

그렇다면 이창호에게 우연이 일어나지 않았을 경우를 한번 가정해보자. 만약 그때 할아버지가 취미로 바둑을 두지 않았다면 어떻게 됐을까? 혹은 할아버지가 어린 이창호를 기원에 데리고 가지 않았다면? 이것은 이창호의 일생을 송두리째 바꿀 수도 있는 가정이다.

어쩌면 그는 씨름 선수가 되었을지도 모른다. 이창호는 초등학교 저학년 때만 해도 모래판을 놀이터 삼았다. 당시 씨름은 국민 스포츠였다. 이창호는 신체 조건도 좋았다. 4.8kg의 몸무게로 태어나 2세에 전북 지역의 우량아로 뽑히기까지 했다. 초등학교 2학년 때는 학교 씨름 왕이 될 정도로 두각을 나타냈다. 이런 아이가 우연히 바둑을 만나 뜻밖의 길을 걷게 된 것이다.[7]

세계적인 비올리스트 리처드 용재 오닐(Richard Yongjae O'Neill)도 이창호처럼 할아버지의 취미로 인해 우연히 재능을 키웠다. 그는 한국전쟁으로 고아가 되어 미국으로 입양된 한국인 어머니와 아일랜드계 조부모 사이에서 자랐다. 어머니는 7세 수준의 지능을 가진 지적 장애인이었지만 조부모는 그의 어머니를 지극한 사랑으로 돌보았다.

손자에게 할머니와 할아버지는 사실상 부모나 마찬가지였다. 그가 음악의 길로 들어선 것도 클래식 애호가였던 할아버지 덕분이다. 리처드 용재 오닐은 매일같이 턴테이블에 레코드판을 올려놓는 심부름을 했는데 전혀 지루하지 않았다고 한다. 그때 수많은 클래식 음반들을 접하면서 음악에 눈을 떴다.

리처드 용재 오닐은 우리나라 방송사의 한 예능 프로그램에 출연해 어머니와 할아버지, 할머니 이렇게 세 사람을 만난 것이 인생의 최고의 행운이라고 말한 적이 있다. 그러면서 "어머니로부터 밝은 성격을 물려받았고, 할아버지로부터 예술적 감각을 배웠다. 할머니에게서는 열심히 일하고 불평하지 않는 걸 배웠다"고 덧붙였다. 가족으로부터 얻을 수 있는 이 이상의 축복이 또 있을까.

우연의 힘을 키운
부모들

〰〰〰〰〰

한국 수영의 숙원을 해결한 박태환 선수, 그는 5세 때 고질적인 천식을 치료하기 위해 수영을 시작했다. 물론 그것은 어머니의 선택이었다. 박태환은 물을 무서워하는 아이였다. 그런 아이가 어머니의 제안으로 수영을 시작하면서 점차 자신의 재능을 발견하기에 이른다. 그는 중학교 3학년 때 최연소 국가대표로 발탁되었고, 급기야 이듬해에는 무려 6개의 한국 신기록을 갱신했다. 우리나라 수영의 역사를 다시 쓴 것이다.

만약 타이거 우즈의 아버지가 흑인이 아니었다면 아들에게 골프가 아닌 야구를 시켰을지도 모른다. 전직 야구 선수였던 아버지는 흑인이라는 이유로 동료들에게 멸시 받던 기억을 평생 잊지 못했다. 아들에게 골프채를 쥐어준 이유 중 하나가 야구와 달리 혼자 할 수 있는 운동이기 때문이었다.

스티븐 스필버그는 12세 때 아버지로부터 캠코더를 선물 받고는 영상의 세계에 빠졌다. 보이는 것은 모두 카메라에 담았고, 공포 영화를 만들겠다며 시나리오를 쓰는가 하면, 진짜 피처럼 보이기 위해 체리 통조림을 끓여 가짜 피를 만들기도 했다. 그가 10세 때 아버지와 함께 관찰한 별똥별이 떨어지는 광경은 미지의 세계에 대한 호기심으로 연결됐다. 그 호기심이라는 마음의 불씨는 우주 영화 〈불꽃〉과 UFO를 다룬 영화 〈미지와의 조우〉로 이어졌고, 나아가 개봉 당시 최고의 흥행 기록을 세운 세계적인 SF 영화 〈E.T〉를 탄생시켰다.

폴란드의 음악 천재 쇼팽의 아버지는 우리에게 부모의 역할에 대해 또 하나의 생각할 거리를 던져준다. 쇼팽은 피아니스트였던 어머니의 영향을 받아 4세 때부터 피아노를 배우고 이내 재능을 보이기 시작했다.

하지만 고등학교 교사였던 아버지는 음악만으로 만족하지 못했다. 그는 아들이 공부를 해서 자기보다 나은 관료로서의 삶을 살기를 원했다. 그래서 한때는 아들이 악기에 손대는 것조차 허용하지 않은 적도 있었다.

다행히 쇼팽의 재능을 제대로 알아본 선생님이 있었다. 선생님은 아이가 반드시 훌륭한 음악가가 되리라고 말했다. 그러나 아버지는 반신반의했다. 객관적인 평가를 받고 싶어 아들을 전문 음악가에게 데려가 재능을 확인했다. 결과는 선생님의 대답과 일치했다. 그때부터 아버지는 전폭적인 지원자로 돌아섰고, 아들은 훌륭한 음악가가 되어 아버지의 선택에 보답했다.

2014년 실시된 학교진로교육 실태 조사에 따르면, 진로에 가장 많은 영향을 주는 사람은 초·중·고 모두 부모인 것으로 나타났다. 여기서 우리가 부인할 수 없는 사실이 하나 있다. 부모는 한 인간에게 영향을 미치는 '최초'의 타인이다. 그 힘은 적어도 청소년기까지는 매우 강력하다. 어릴 때 겪게 되는 우연의 상당 부분은 부모에 의해 만들어지는 경우가 대부분이다.

가령 쇼팽의 아버지가 자녀의 진로와 관련해 자신의 욕심을 끝까지 고집했다면 어린 아들은 어떤 선택을 할 수 있었을까? 혹은 알더라도 교육적인 지원을 소홀히 했다면? 생각만으로도 애석한 일이다.

함께하는 경험의 힘

부모의 선택이 아이가 꿈을 키우는 데 단초 역할을 하는 경우가 있는가 하면, 보다 적극적으로 자녀의 경험을 넓히기 위해 '함께'한 경우도 있다.

케네디 대통령의 어머니 로즈 여사는 경험이 곧 교육이라는 가치관을 가지고 있었다. 자녀들을 자주 플리머드 항구에 데리고 간 이유도 현재의 역사를 설명해주기 위해서였다. 플리머드는 케네디의 선조들이 가난에서 벗어나기 위해 처음으로 정착한 신대륙이었다.

아이들은 어머니가 들려주는 이야기를 들으며 자신이 어디로부터 왔

는지, 조상들은 어떻게 슬기롭게 고난을 극복했는지를 깨달으며 큰 용기를 얻었다.[8]

축구 선수 티에리 앙리(Thierry Henry)는 잉글랜드 프리미어리그에서 득점왕을 네 번이나 한 세계적인 선수다. 그는 영국 일간지 《가디언》과의 인터뷰에서 축구 인생 20년 중 가장 기억에 남는 때가 "자신이 축구 경기장에 앉아 있는 걸 아버지가 처음 본 순간"이라고 말한다.

티에리 앙리가 축구를 하게 된 계기는 아버지 때문이다. 가난한 이민자이자 경비원의 아들인 앙리가 빈민가의 불량한 친구들과 어울리는 것을 걱정한 아버지는 아들의 관심을 돌리기 위해 축구를 권유했다. 그는 아들과 함께 지역에서 열리는 모든 축구 경기를 빼놓지 않고 보았으며, 언제나 아들과 함께 공을 찼다. 심지어는 아들의 축구 경기를 보다가 경비 교대 시간에 2시간이나 늦어 해고된 적도 있다.

안데르센의 아버지는 가난한 구두 수선공이었지만 친구들과 어울리지 못하는 안데르센을 위해 돈이 들어가지 않는 놀이를 궁리했다. 그는 구두를 만들던 칼로 나무 조각을 다듬어 목각 인형을 만들었고, 그런 뒤에는 어머니가 남은 천 조각들로 그 인형에 옷을 만들어 입혔다. 그렇게 만든 인형으로 가족들은 연극 놀이를 했다. 책을 좋아하던 아버지와 함께 읽은 책은 연극을 더욱 살찌게 했고, 훗날 작가 안데르센의 창작에 자양분이 됐다.

안데르센은 자서전에서 부모에 대해 이렇게 기록한다. "아버지는 재능이 넘치며 순수한 시적 정서를 간직한 남자였고, 어머니는 인생과 세상에 대해서는 무지했지만 사랑으로 가득 찬 분이었다."

사람은 인간과의 상호작용을 통해 서로 감정을 파악하고 대인관계의 기본 기술을 배운다. 특히 부모는 이 과정에서 자녀를 향해 서로가 세상에서 가장 소중한 관계라는 특별한 메시지를 전달한다.

부수적으로 거둘 수 있는 학습 효과도 만만치 않다. 하버드대학의 캐서린 스노(Catherine Snow) 박사가 이끄는 팀은, 83개 가구의 만 3세 아이들을 대상으로 2년간 추적 관찰했다. 그 결과는 의외의 통찰을 준다. 부모가 책을 읽어줄 때 배우는 단어가 140개인데 반해, 가족과의 식사를 통해 배우는 단어는 1000개에 달했다. 가족이 얼굴을 맞대고 함께하는 식탁이라는 곳이 그 어느 교실보다 훌륭한 학습 공간이 된다는 것이다. 당연히 식탁에 앉아 함께 밥을 많이 먹을수록 학업 성취도도 높았다.

미네소타대학의 연구는 '가족과 식사가 잦을수록 우울증 발생률이 낮다'는 사실을 밝혀냈다. 아이들은 단지 일상적으로 부모의 얼굴을 보고 밥을 먹는 것만으로도 정서적 안정이라는 선물을 받으며 성장한다.[9]

사랑받는 아이들의
놀라운 자생력

～～～～～

상호작용은 필연적으로 신체 접촉 빈도를 촉진시킨다. 그런데 여기에는 보이지 않는 또 다른 힘이 존재한다. 오스트리아 출신의 정신과 의사 르네 스피츠(Rene Spitz)는 버려진 아이들을 돌보는 국립병원의 원장이었다. 어느 날 그는 고아원의 아이들과 교도소 보육원의 아이들을 관찰하며 특이한 현상을 발견했다.

유독 고아원에서 생활하는 아이들이 높은 수치의 영아 사망률을 보였다. 91명의 유아 중 무려 34명이 2세 이전에 사망했다. 남은 아이들도 체중이 줄거나 발달이 부진했다.

반면 보육원에서는 사망자가 단 한 명도 없었을 뿐만 아니라 대부분의 아이들이 건강하게 잘 자랐다.

이상한 것은 고아원이 보육원에 비해 시설과 청결 수준, 음식의 질이 훨씬 좋았다는 점이다. 르네 스피츠는 이 미스터리를 풀 단서를 발견했다. 그것은 바로 누군가의 손길, 즉 신체적 접촉이었다. 고아원에서는 아기를 안아주는 행동을 최소화하는 규칙이 있었고, 교도소 보육원에서는 부모뿐만 아니라 보호자 역할을 한 여성 재소자들이 아이들을 자주 안아주고 쓰다듬어주었던 것이다.

그의 '접촉 박탈'에 대한 연구는 일반인의 통념 수준을 넘는다.

그저 좋은 침대에 눕힌 채 제공되는 좋은 음식만으로는 아이의 발달에 충분하지 않다. 사람은 좋은 환경만으로는 건강하게 살 수 없다. 사랑이 채워져야 비로소 인간스러워지며, 그것은 모든 발달의 키워드이기도 하다.

　부모와 자녀가 함께한다는 것은 단지 같은 공간에 존재하는 것 이상의 의미가 있다. 부모의 도움이 필요한 나이, 즉 어릴수록 그 힘이 더 크게 작용한다는 것은 두말할 필요도 없다.

짧지만 강력한 한마디, 아버지의 힘

베스트셀러 소설가 정유정은 먼 길을 돌아 꿈을 이룬 경우다. 등단하기 전 그녀는 5년간 간호사로, 그리고 9년간 건강보험심사평가원의 직원으로 일했다. 10차례나 공모전에 떨어지고 40세가 되어서야 드디어 『내 심장을 쏴라』로 등단했다.

그토록 글쓰기를 좋아했지만 10대 시절에는 작가가 되리라고는 꿈도 꾸지 못했다. 어머니가 완강하게 반대했기 때문이다. 작가였던 외삼촌이 희곡을 쓰다가 요절했다. 어머니의 트라우마는 그때 시작됐다.

우연히 딸의 사주를 보았는데 글로 먹고산다는 말을 듣자 어머니는 그 길로 재판까지 해가며 필사적으로 그녀의 이름을 개명했다. 어머니가 그렇게까지 반대를 하는 동안 아버지는 별다른 반응이 없었다.

무언의 조력자, 아버지

정유정은 전문직에 종사하기를 바랐던 어머니의 뜻에 따라 간호학과에 입학했다. 하지만 어머니가 돌아가신 뒤 병원에 사표를 냈다. 어머니는 더없이 딸을 사랑했고 세상을 살아가는 지혜를 주었지만 꿈을 이루는 데 있어서만큼은 큰 걸림돌이었다.

지독한 쓴맛을 보고 등단한 뒤 그녀는 가장 먼저 아버지에게 달려갔다. 그러자 아버지는 라면 상자 하나를 꺼내오셨는데, 그 안에는 그동안 아버지가 모아둔 딸의 상장이 한가득 들어 있었다. "우리 딸이 초등학교 때 이런 글을 썼었지…." 그녀는 한동안 말을 잇지 못했다.

아버지는 이미 많은 것을 알고 있었다. 딸이 좋아한 게 어디 글뿐이었을까. 감사함이 물밀 듯이 밀려왔다. 아버지는 누구보다 딸의 선택을 지지해준 분이다. 무언의 행동을 통해서 말이다.[10]

아이의 인생을 바꾼
아버지의 말

~~~~~~~~

미국의 싱어송라이터 제이슨 므라즈(Jason Mraz)도 먼 길을 돌아갈 뻔했던 경우다.

제이슨 므라즈는 4세 때 부모님이 이혼하는 바람에 두 가정을 오가며 자랐다. 그럼에도 불구하고 그는 부모가 없었다면 지금의 자리에 있지 못할 것이라고 말한다. 성공한 사람들이 으레 하는 그런 이야기가 아니다. "내 인생은 부모님의 결과물"이라는 파격에 가까운 찬사도 그의 이야기를 들어보면 진심이라는 것을 알 수 있다.

특히 지금 그가 노래를 부를 수 있게 된 것은 아버지의 한마디에서 시작된 일이다. 제이슨 므라즈의 아버지는 울타리를 설치하고, 트럭을 몰고, 공사장을 청소하는 전형적인 하층 노동자였다. 가정형편을 잘 알았던 아들은 16세 때부터 수업을 마치고 아버지의 일을 도왔다.

유난히 더웠던 그날도 아버지는 울타리 공사를 위해 구멍을 팠고, 제이슨 므라즈도 옆에서 열심히 거들었다. 30개째의 구멍을 팔 때쯤 아버지는 땀을 닦기 위해 잠시 삽을 내려놓았다. 그리고 말뚝에 기대어 아들을 향해 말했다. "아들아, 난 네가 하고 싶은 일을 하기를 바란다." 평소 아버지는 과묵한 성격이라 아들은 아버지의 말에 귀를 기울이는 습관이 있었다. 아버지는 이어 "그러면 절대로 일을 하고 있다는 기분이 들지 않을 거야"라고 말했다.

이 말이 제이슨 므라즈를 가수의 삶으로 인도했다. 당시 그는 뮤지션으로서의 자질에 의문을 가지고 있었다. 하지만 아버지가 그렇게 말하는 순간 모든 것이 명확해졌다.

아버지가 준
최고의 선물

～～～～～

제이슨 므라즈가 아버지로부터 받은 가장 큰 선물은 자유였다. 그 힘이 그렇게 대단할 줄은 그도 미처 생각하지 못했다. 그는 "아버지가 내게 하고 싶은 일을 하라는 말씀을 해주지 않으셨다면 나는 좋아하는 일을 할 수 없었을 것이다"라고 말한다.

'음악을 좋아하는 아이가 벽돌공이 된다면 당연히 그 일은 아이에게 맞지 않을 것이다. 그 아이가 벽돌공이 된다면 지역적으로 이바지할 수는 있겠지만 세계적으로 이바지할 수는 없을 것이다. 성취감은커녕 행복감도 느끼지 못할 것이다.'

제이슨 므라즈의 다짐은 정말 그를 가수의 길로 이끌었다. 무명 시절은 6년이나 이어졌지만 그는 누구보다 행복했다.

제이슨 므라즈를 세계적인 스타의 반열에 올린 곡 「I'm Yours」에는 아버지에 대한 감사함이 녹아들어 있다. 제이슨 므라즈는 자기가 좋아하는 노래를 통해 사람들에게 각자 품은 꿈을 키울 수 있도록 메시지를 전달한다. 자신의 아버지가 그랬던 것처럼 말이다.[11]

아이의 놀이에도
원칙이 있다

아이가 막 두 돌이 지났을 때다. 아이는 사촌 언니와 놀다가 겁도 없이(?) 언니 공책에서 스티커 한 개를 떼어 냈다. 순간 언니의 얼굴이 일그러졌다. "내 거니까 이리 줘!" 그러나 아이는 오히려 주먹을 꽉 움켜쥐었다.

그렇게 10분 이상 실랑이가 이어졌고, 결국 둘 다 울음을 터뜨렸다. 상황이 불안해보였지만 잠시 더 지켜보기로 했다. 나이가 어려도 역시 언니는 언니였다. 언니는 아이에게 다가가 미안한 듯 볼을 쓰다듬어 주었다. 그러자 마치 마법에라도 걸린 것처럼 동생의 주먹이 스르르 풀렸다. 언니는 아이를 품에 꼭 안아주었다.

한편의 아름다운 드라마를 본 것만 같았다. 25개월 된 아이는 처음으로 화해하는 법을 배웠다. 두 아이는 어른의 힘을 빌리지 않고도 인간관계에서 생길 수 있는 갈등을 자연스럽게 풀어냈다.

놀아야만
얻어지는 것들

아이들은 놀면서 큰다. 어른이 되면 일을 하고 사회생활을 하는 것처럼 아이들에게 놀이는 생활이며 수업이다. 부모의 눈에는 '그냥 노는 것'처럼 보일 수 있지만 아이들의 놀이에는 발달을 촉진하는 여러 요소들이 들어 있다. 다만 눈에 잘 보이지 않을 뿐이다.

놀이의 힘을 이해하기 위해서는 먼저 인간이 무언가를 배우는 데 두 가지 방법이 있다는 점을 이해할 필요가 있다. 우선 아기들이 배우는 과정을 '암묵적 학습'이라고 하는데, 이것은 놀이나 일상의 자연스러운 경험을 통해 무의식적으로 배우는 방식을 말한다.

가령 한국인에게 젓가락질은 암묵적 학습에 의한 지식이라고 할 수 있다. 하지만 외국인이 이 기술을 터득하려면 온 정신을 집중하고 반복해야 한국인과 비슷한 수준에 도달할 수 있다. 암묵적인 학습은 이미 하나의 문화로 자리매김한 경우나 학습자의 나이가 어릴수록 유리하다.

반면 배움을 통해 얻어진 사실을 암기하거나 논리적으로 추론하는 등 의식적으로 배우는 행위를 '명시적 학습'이라고 한다. 교실에 앉아 강의를 듣거나 책을 넘기며 공부하는 방식이 그 예다. 말과 글을 깨치고 어느 정도 인지적 능력이 생긴 후부터는 명시적 학습이 보다 효율적이다. 모든 것을 다 직접 경험에만 의존할 수는 없기 때문이다.

　정리하면 명시적 학습과 암묵적 학습은 각기 장단점이 있다. 하지만 어릴수록 명시적 학습보다 암묵적 학습의 효과가 훨씬 크게 작용한다. 아이들은 놀이라는 암묵적 학습 방식을 통해 자신이 무언가를 배우고 있다는 사실조차 느끼지 못한다. 그러나 그 효과는 엄청나다.

　마음 읽기 능력을 키우는 데 놀이만큼 좋은 것도 없다. 나와 다른 친구의 생각을 추론함으로써 대인관계의 기술을 익히는 것이다. 아이들은 친구와 끊임없이 상호작용하며 때로는 절제가 필요한 순간이 있다는 것을 깨닫는가 하면, 자신의 정체성도 깊이 탐구해나간다. 뿐만 아니라 경쟁에서 이기기 위해 자신의 인지적 능력을 총동원해 사고력을 키운다. 더 즐겁게 놀기 위해 정서와 인지를 조절하는 것이다.

　소아정신과 전문의 손석한 박사는 부모와 함께 병원을 찾아온 아이들을 보면 어릴 때 이런 놀이 과정이 생략된 경우가 많다고 말한다. 이 아이들을 위한 처방은 바로 놀이다. 그는 놀이를 마음의 음식이라고 말한다. 우리가 골고루 음식을 잘 섭취할 때 몸이 튼튼해지는 것처럼, 아이들이 놀이 활동을 충분히 하면 그만큼 마음이 건강해지는 것이다. 여러 가지 놀이 과정을 통해 자신의 감정 처리는 물론 친구들과의 갈등 해결 능력까지 얻게 된다. 또 사물에 새로운 의미를 부여하며 상상력의 폭을 넓히기도 한다. 무엇보다 아이들은 이 모든 것들을 스스로 해낸다.

천재를 만나고 싶다면
놀이터에 가라

~~~~~~

놀이의 천재들을 보고 싶다면 동네 놀이터에 나가 30분만 앉아 있으면 된다. 미끄럼틀을 타기 위해 어떤 아이들은 계단을 이용하는 대신 거꾸로 틀을 오르기도 한다. 처음부터 능숙하게 될 리가 없다. 그럼에도 아이들은 수도 없이 이 행위를 반복한다.

쉬운 길을 두고 굳이 이런 어려운 방법을 선택하는 이유는 무엇일까? 이유는 단순하다. 재미를 추구하는 본능 때문이다. 아이들이 처음 보는 다른 아이에게 다가가 슬며시 말을 거는 것은 왜일까? 더 재미있게 놀기 위해서는 친해져야 하기 때문이다.

사회성은 이런 필요에 의해서 길러진다. 남자 아이들이 기다란 막대기를 진짜 칼이라도 되는 양 휘두르며 노는 것은 왜일까? 상상력을 동원해서 서로 '그렇다고 가정하는 순간' 놀이가 더 재미있어지기 때문이다.

정신분석을 창시한 프로이트는 행복한 삶을 위한 필수 요소를 '사랑과 일'이라고 했다. 인지발달 이론의 1세대 학자인 데이비드 엘킨드(David Elkind) 교수는 여기에 '놀이'를 덧붙여 대중의 큰 관심을 끌어냈다. 즉 놀이를 사랑과 일과 더불어 인생의 3대 키워드로 격상시킨 것이다.

사실 이 아이디어는 새롭지 않다. 이미 독일의 사상가인 프리드리히 실러(Friedrich Schiller)는 "놀이를 할 때만 완전한 사람이 된다"고 말했으며, 호모 루덴스 즉 '놀이하는 인간'을 주창한 네덜란드의 역사학자 요한 하위징아(Johan Huizinga)는 "놀이는 문화의 한 요소가 아니라 문화 자체가 놀이의 성격을 갖는다"는 것을 문화사적으로 증명했다. 그러면서 놀이를 문화보다 열등한 것으로 믿던 사람들에게 일침을 가했다.

20세기의 지성 버트런드 러셀(Bertrand Russell)은 『게으름에 대한 찬양』에서 이렇게 말한다.

누구도 하루 4시간 이상 일하도록 강요받지 않는 세상에서는 과학적 호기심에 사로잡힌 사람이라면 누구든 그 호기심을 맘껏 탐닉할 수 있을 것이고, 어떤 수준의 그림을 그리는 작가든 배곯지 않고 그림을 그릴 수 있을 것이다.[12]

창의성은 반 계획의 아이러니가 만들어내는 예술이다. 이를 위해 필요한 것은 놀이와 놀이를 할 수 있는 시간이다.

세계 최고의 애니메이션 제작사인 픽사의 본사 건물 이름은 '스티브 잡스 빌딩'이다. 로비에는 직원들이 킥보드를 타고 지나다니거나 삼삼오오 모여 떠드는 모습이 자주 목격된다. 이 건물은 스티브 잡스가 픽사를 인수하고 〈토이 스토리〉를 대성공 시킨 후 새로 지은 사옥이다. 공간 구조의 핵심은 '사람들이 우연히 부딪칠 수 있도록 하는 것'이었다. 스티브 잡스는 창의성은 우연한 만남과 잡담에서 탄생한다고 믿었다. 놀이터까지는 아니어도 사무실의 한계를 극복하면서 픽사는 흥행가도를 달리게 됐다.

2017년 취업 포털 사이트 커리어의 조사에 따르면 인사 담당자의 78%가 '잘 노는 인재'를 선호한다고 한다. 그 이유가 모임의 분위기를 잘 띄우기(18%) 때문만은 아니다. 그룹 내에서도 잘 노는 사람은 업무 태도와 성과 면에서도 두각을 나타낸다. 이들은 업무에서도 적극적이며(46%), 아이디어가 풍부하고(14%), 능숙한 마음 읽기 능력으로 리더십도 뛰어나다(9%).

진짜 놀이와
가짜 놀이

요즘 부모들은 유아기 놀이의 중요성을 거의 대부분 알고 있다. 그래서인지 관련 교구와 프로그램도 계속해서 늘어나고 있다. 방향성 면에서는 바람직한 현상이다. 그런데 놀이에도 지켜야 할 원칙이 있다. 무슨 뚱딴지같은 소리냐고 할 수 있겠지만, 놀이에 대한 오해 때문에 놀이의 힘을 놓치는 부모도 적지 않아서다.

『엄마의 말 공부』의 저자이면서 매일매일 다양한 부모와 아이를 만나는 아동심리학자 이임숙 박사는 "놀이에는 진짜 놀이와 가짜 놀이가 있다"고 강조한다. 가짜 놀이를 하면서 '자신은 늘 잘 놀아주는 부모'라고 착각하는 사람들을 종종 본다는 것이다. 이임숙 박사는 놀이 시 문제가 있는 부모를 세 가지 유형으로 나눠 설명한다.

첫째, 학습지도형 부모. 아이와 블록 놀이를 하며 정답을 알려주거나 숫자 세기, 색깔 이름 맞추기 등 지식을 주입하는 유형이다. 놀이를 통한 학습이 나쁜 것은 아니다. 하지만 놀이를 사실상 수업으로 만들어버리면 아이는 곧 지겨워한다.

둘째, 삶의 지혜를 가르치고 싶어 하는 부모. 학습지도형 부모보다는 점잖은 편이다. 하지만 무언가를 가르치려 한다는 점에서는 다르지 않다. 아이들은 게임에서 질 것 같으면 슬슬 지루해하며 놀이 상황에서 빠져나가려고 한다. 이때 "인생은 냉정한 거야. 그렇다고 그만두면 어떡하니? 끝까지 해야지." 이렇게 훈수를 두면 당연히 놀이가 재미있을 리 없다.

셋째, 놀이주도형 부모. "이렇게 하면 어때? 저렇게 하면 어때?" 처음에는 아이도 싫어하지 않지만 점점 짜증이 난다. 놀이의 기쁨에는 자율성과 유능성이라는 심리적 요소가 중요하게 작용하는데, 부모가 주도하면 아이는 시키는 것이나 하는 사람이 된다.[13]

국어사전에 '놀이'는 신체적, 정신적 활동 중에서 먹고 자는 등 생존과 관련된 활동을 제외하고 '일'과 대립되는 활동으로 정의된다. 남이 시켜서 하는 행동은 일이지 놀이가 될 수 없다. 위의 세 유형의 시사점은 놀이의 주체가 무엇보다 중요하다는 메시지를 담고 있다. 놀이에서 무언가 배우는 주체도 아이이고, 무언가 잘 되지 않았을 때 좌절을 이겨내는 법을 터득하는 주체도 아이여야 한다. 부모 자신의 어린 시절을 떠올려보면 지극히 상식적인 원칙 아닌가.

아이들은 놀이를 통해 세상을 배운다. 이 배움의 과정은 다른 것으로 쉽게 대체되지 않는다. 아이들에게 놀이는 본능이기 때문에 누가 시키지 않아도 열심히 한다. 게다가 놀이는 인지적, 사회적, 정서적 발달의 가장 큰 밑거름이다. 물론 모든 것은 진짜 놀이를 할 때만 양질의 거름이 될 수 있다.

실수에 좌절하지 않는 아이로 키우는 법

아이들의 성장 과정은 지켜볼수록 경이롭다. 아이들은 끊임없이 질문하고 도전하고 답을 찾는 학습의 일인자라는 데 부정할 사람이 있을까. 인간의 보편적인 발달 특성이라고 말할 수 있다.

그런데 아이들은 대개 나이를 먹어가면서 변한다. 보통 학령기라고 말하는 시점으로, 아이들에게서 예전 같은 감동이 느껴지지 않게 된다.

이때 아이들에게서는 새로운 발견이 보이지도 않을 뿐더러 그들스스로 이것저것 물어보지도 않는다. 인간의 재능은 크면서 소멸해가는 것일까?

틀려도 괜찮은
이유

시카고에 있는 학 고등학교에
서는 졸업 시험에 통과하지 못한 과목이 있을 경우 '낙제'라는 말
대신 '아직(Not Yet)'이라는 학점을 준다고 한다. 사소한 것 같지만
언어의 힘은 막강하다. 낙제를 받은 학생은 스스로를 형편없다고
느끼는 반면, 아직이란 학점을 받은 학생은 자신이 배우고 있는 과
정이라는 것을 이해하게 된다.

스탠퍼드대학의 캐롤 드웩(Carol Dweck) 교수는 이 학교의 교육
관으로부터 강한 영감을 얻었고, 자신의 연구에도 큰 영향을 받았
다. 그의 인간 동기에 대한 실험을 EBS 다큐멘터리 〈퍼펙트 베이
비〉에서 같은 조건으로 재연해보았다.

먼저 초등학교 4학년 아이들을 실험실로 초대했다. 테이블 위에
는 난이도 상, 중, 하가 쓰인 세 종류의 문제 봉투가 놓여 있다. 선생
님이 오늘의 과제를 설명해주었다. "난이도 중(中)은 보통의 4학년
학생들이 풀 수 있는 문제인데 한번 풀어보자."

사실 이 문제는 4학년이 쉽게 풀 수 있는 수준이 아니다. 웬만해
서는 50점도 넘기 힘든 수준의 문제다. 당연히 대부분의 아이들은
곧 자신의 실망스런 점수를 확인했다.

"열 문제 중에 다섯 문제를 맞혔네? 성철이는 이 점수가 나중에

어른이 되었을 때 똑똑하게 될지 아니면 안 똑똑하게 될지 어느 정도 예상할 수 있다고 생각하니?" 선생님은 먼저 한 번의 시험으로 자신의 미래를 예상할 수 있는지를 물었다.

말도 안 되는 질문이라며 "아니오!"라고 고개를 절레절레 흔드는 아이가 있는가 하면, 한 번의 시험이라도 미래와 긴밀하게 연관되어 있을 것 같다고 대답하는 아이도 있었다.

두 번째는 아이들에게 점수가 낮게 나온 이유가 무엇이라고 생각하는지 물었다. 낮은 점수의 원인을 자신의 '능력' 때문이라고 말하는 아이가 있는가 하면, 어떤 아이는 그 이유를 '노력' 부족에서 찾았다.

이번에는 제작진이 정말 궁금해하던 실험을 할 차례였다. 다시 아이들에게 난이도 상, 중, 하의 문제지를 보여주고 원하는 것을 선택하라고 했다. 난이도 상(上)의 문제를 선택한 아이들은, 한 번의 시험과 자신의 능력을 연결시키는 데 강하게 부정하며 낮은 점수의 원인을 능력이 아닌 노력에서 찾았던 아이들과 놀라운 수준으로 일치했다.

실험에 참여한 아이들 가운데 점수가 가장 높았던 민수는 선택 과제에서 난이도 하(下)의 문제를 골랐다. 민수에게 그 이유를 묻자 "제일 쉬우니까 점수가 많이 나올 거라고 생각했기 때문"이라고 대답했다.

민수에게는 배움의 목표보다 남들에게 어떻게 보이느냐가 더 중요한 동기로 작용한 것이다. '아직' 배울 게 많은 나이인데도 실패를 수치로 여기기 때문에 도전을 두려워하는 것이다. 캐롤 드웩에 따르면 이런 유형의 아이들은 더 많은 것을 배우지 못한다. 앞으로도 계속 쉬운 과제만을 선택하려 하기 때문이다.

초등학교 4학년 정도 된 아이의 동기에 가장 큰 영향을 미치는 대상은 부모라고 할 수 있다. 민수에게 필요한 것은 더 많은 공부가 아니라 어떻게 공부하느냐다.

그리고 부모에게 필요한 것은 틀려도 괜찮다는 분명한 신호다. 부모의 신호를 믿고 받아들일 때 민수는 다시 도전하는 아이로 클 것이다.

이 원리는 비단 교육에만 국한되지 않는다. 도전은 모든 성장의 기본 동력이다. 우리나라 벤처 1세대로 4차 산업혁명의 전도사 역할을 톡톡히 하고 있는 카이스트의 이민화 교수는 한국에서 혁신 사례가 잘 나오지 않는 이유를 도전의 부재에서 찾는다.

그는 "혁신은 본질적으로 실패를 내포합니다. 실패를 응징하면 혁신도 사라집니다. 정부 혹은 기업은 실패해도 괜찮다는 시그널을 분명하게 보여줘야 합니다. 혁신을 위해선 안전망을 세우는 게 그래서 중요합니다"라고 말한다.[14]

결과지향적 태도 VS 과정지향적 태도

'왜 누구는 공부를 즐겁게 하고, 누구는 그렇지 않을까?' 하버드대학의 명강사이자 심리학 박사인 탈 벤 샤하르(Tal Ben Shahar)는 오랜 시간에 걸쳐 학습 동기의 차이를 연구했다. 우선 그는 공부를 '잠수 방식'과 '연애 방식'에 빗대어 설명한다.

잠수 방식은 두 손가락으로 코를 막고 물에 잠수하며 버틸 때의 상황을 떠올리면 이해가 쉽다. 이 방식은 잠시 동안의 고통을 참아내면 기쁨이 기다리고 있을 것이라는 믿음이 동기로 작용한다. 학생들은 고통에서 벗어났을 때의 안도감을 행복으로 착각한다. 이런 '고통–안도감' 모델은 많은 나라의 교육에서 중요하게 작용한다고 설명한다.

연애 방식은 마치 좋아하는 사람에게 다가가듯 공부를 사랑하게 만드는 것이다. 궁금한 것들을 조사하기 위해 책을 읽고, 틈틈이 생각하고, 질문하고 답을 찾아가는 '과정'에서 만족감을 얻는다. 결과가 어쨌든 그 자체가 흥미로울 수밖에 없다.

물론 이 느낌은 본인만이 알 수 있는 감정이다. 이런 감정에서 떨어져 있는 부모는 보이지 않는 과정의 즐거움을 모른다. 그래서 눈에 보이는 '결과'만을 중시하며 은연중에 잠수 방식을 독려하는 실

수를 남발한다.[15]

공부의 목적을 과정에 두느냐, 결과에 두느냐 하는 가치관의 차이는 나중에 문제 해결 태도에도 큰 영향을 미친다. 긍정심리학의 발전에 큰 기여를 한 하버드대학 심리학과 엘렌 랭어(Ellen Langer) 교수는 이렇게 말한다. "결과지향적 태도를 가진 사람들은 타인과 비교를 많이 한다. 그래서 새로운 일을 시작할 때 '내가 할 수 있을까?' '못하면 남들이 어떻게 볼까?' 같은 생각에 사로잡히기 때문에 타고난 탐구욕을 제대로 발현하지 못한다. 실패에 대한 두려움 때문에 낯선 시도를 잘 하지 않는다."

이와 반대로 "과정지향적인 태도를 가진 사람은 남이 아닌 자신의 어제와 비교한다. 그래서 남들의 시선보다는, '어떻게 할 것인가'를 생각하기 때문에 일을 할 때 어떤 단계를 밟아야 하는지에 주의를 집중한다"고 말한다. 이런 유형은 실패를 하더라도 아주 쉽게 다시 일어선다.

'타인을 통해 문제를 해결해야 할 때'도 '과정지향적 태도'는 더욱 빛을 발한다. 장기 다큐멘터리 제작을 마치고 잠시 여유가 있을 때였다. 팀장이 불러 문자 하나를 보여주었다. "안녕하세요, 저는 EBS 다큐 프라임 PD가 꿈인 중학교 1학년 이승훈이라고 합니다. 제가 다큐 프라임 PD 중에서 멘토를 소개받고 싶은데, 어떤 방법이 있는지 알려주시면 고맙겠습니다."

나를 부른 이유가 금방 이해됐다. 알고 보니 승훈이가 EBS 사장 트위터에 글을 남겼고, 사장은 이를 다큐 팀장에게 전달했고, 팀장은 다시 그 내용을 나에게 전달한 것이다.

번거롭긴 했지만 기특한 마음이 들어 흔쾌히 승훈이라는 아이를 만나기로 했다.

얼마 후 승훈이가 아버지와 함께 방송국으로 찾아왔다. 아버지는 아들을 위해 하루 휴가를 냈다고 했다. 한손에는 내가 쓴 책이 들려 있었고, 다른 한손에는 캠코더가 들려 있었다. 전 과정을 녹화하고 싶다고 했다. 보통 준비한 게 아니구나 싶어, 나에게 오기까지의 그 열정이 고스란히 느껴졌다. 대견한 것은 물론이고 아이의 아버지까지 존경스러워 보였다.

짧은 시간에 많은 생각이 스쳤다. 이 아이는 지금껏 얼마나 많은 시도를 하고 또 그에 따른 실패를 경험했을까? 설령 이번 만남이 성사되지 않았더라도 좌절할 아이는 아닐 것 같아 보였다. 어쩌면 아이에게 처음일지도 모르는 이 성공 경험에 동참한다고 생각하니 뿌듯함도 생겼다.

최선을 다해 노력하고, 노력하는 과정 자체를 소중하게 여기는 사람은 타인을 끌어당기는 매력이 있다. 그 모습이 가장 인간적이고 자연스럽기 때문이다.

솔직함, 호기심
그리고 자존감

사람들은 왜 솔직함에 끌릴까? 솔직하다는 것은 마음의 여유가 있어야 가능하다. 일종의 내려놓음이 보는 사람들을 편안하게 한다. 보통사람들에게는 용기가 필요한 일이지만 솔직한 사람들에게는 그리 어렵지 않다. 자기 자신을 그대로 존중하는 자존감이 든든하게 중심을 잡아주기 때문이다.

자존감은 유능하다는 느낌과 사랑받고 있다는 느낌이 서로 영향을 주고받으며 커나가는 심적 기제다. 자존감이 높은 사람은 자기가 어쩔 수 없는 것은 그대로 두고, 바꿀 수 있는 것은 노력하면 된다고 믿는다. 궁금한 것이 있으면 망설이지 않고 바로 질문으로 연결한다. 그리고 자기를 충분히 개방하다 보니 타인의 생각이 들어올 자리도 넓다. 이것이 바로 자존감이 성장 에너지로 작용하는 메커니즘이다.

인기 걸그룹 '걸스데이'의 멤버 혜리는 리얼리티 예능인 MBC 〈진짜 사나이〉 출연을 계기로 '국민 여동생' 반열에 올랐다. 카메라를 의식하지 않고 커다란 쌈을 입에 구겨 넣는 등 천연덕스러운 모습으로 시청자들의 마음을 사로잡았다. 혜리의 매력은 한마디로 '솔직함'이었다.

이후 그녀는 연기에 도전했다. 드라마는 흥행에 참패했지만, 혜리에게는 연기에 대한 호기심이 커지는 계기가 됐다. 오히려 다양한 캐릭터에 도전하고 싶었다. 그녀는 그 후 드라마 〈응답하라 1988〉에서 덕선이 역할을 훌륭히 해내며 배우로서 인정받게 된다.

〈진짜 사나이〉의 하이라이트였던 화생방 훈련이 끝난 후 "가장 아쉬운 순간이 언제냐"는 질문에 혜리는 이렇게 답했다. "방독면을 제대로 썼더라면 괜찮았을 텐데 화생방 훈련 중간에 나온 게 진짜 아쉽습니다." 그녀는 능력이 아닌 노력에서 실패의 원인을 찾았다. 데뷔 후에 가장 좋았던 순간이 언제냐는 또 다른 질문에는 "1위를 한 것도 좋았지만 그걸 준비하는 과정에서의 소소함이 더 좋았다"고 말했다.

그녀는 호기심이 향하는 곳에 길을 내고, 열심히 그 길을 닦아 전진했다. 결과보다 과정에서 행복을 찾았고, 실수에 대해 유연했다. 그녀의 매력 포인트인 솔직함의 이면에는 이렇듯 자존감이 깔려 있다.

혜리에게서 우리 아이들의 모습을 발견한다. 행복을 결과보다 과정에서 찾는 자세, 실수에 대한 유연한 태도, 막힘없는 솔직함. 그런 점에서 우리 아이들 모두는 본래 혜리다.

부모의 정의에 대해 다시 생각해본다. 부모는 아이에게 없는 것을 찾아주는 존재가 아니라 이미 있는 것을 지켜주고 가꾸어주는 존재가 아닐까?

실수의 다른 이름, 경험

〰〰〰〰〰

찰리 채플린은 불우한 어린 시절을 보냈지만 재능을 알아본 어머니 덕분에 일찍부터 배우로서 인정받을 수 있었다. 14세에는 〈짐, 런던내기의 사랑〉이라는 공연에서 신문팔이 소년 새미 역을 맡아 '연극계의 기대주'라는 극찬을 받기도 했다. 이때부터 그는 극단과 함께 지방을 돌아다니며 공연을 했다. 하지만 극단이 다른 사람의 손에 넘어가면서 졸지에 그는 실업자 신세가 되고 만다.

그러나 노력하는 자에게 하늘은 무심하지 않았다. 찰리 채플린은 19세에 포레스터 뮤직홀의 무대에 오를 수 있는 기회를 얻는다. 열심히 연습한 만큼 한껏 기대에 부풀어 무대에 올랐다. 하지만 공연 도중 예상치 못한 일이 벌어졌다. 관객들의 반응은 냉랭했고, 동전과 과일 껍질을 던지는 사람도 있었다. 정신없이 무대에서 내려오며 큰 충격에 휩싸였다. '난 사람들을 웃길 수 없나봐.' 실패의 기억은 오랫동안 그를 괴롭혔다.

하지만 찰리 채플린은 소중한 깨달음을 얻으며 다시 일어섰다. 자기에게 재미있는 이야기로 사람들을 웃기는 코미디언은 맞지 않는다는 결론이었다. 차라리 개성 강한 인물 연기를 하는 편이 자기에게 맞을지도 모른다고 생각했다. 판단은 적중했다.

찰리 채플린은 〈축구 시합〉이라는 연극에서 시골뜨기 차림으로 분장을 하고 객석에 등을 보인 채 무대에 섰다. 잠시 뒤 돌아서며 새빨간 코를 보이자 관객들은 키득대기 시작했다. 아령에 발이 걸려 넘어지고, 손에 들고 있던 지팡이가 자신의 뺨을 때리자 관객들은 폭소를 터뜨렸다. 대성공이었다. 우리가 잘 알고 있는 찰리 채플린의 캐릭터가 탄생하는 순간이었다.

이 연극 덕분에 미국으로 갈 수 있는 기회를 얻었다. 미국으로 간 그는 희극배우와 감독이라는 두 마리 토끼를 잡으며 전성기를 맞이한다.

극작가 오스카 와일드(Oscar Wilde)는 "경험이란 실수에 붙이는 이름"이라고 말한다. 촌철살인의 대가답게 정곡을 찌르는 말이다. 실수와 실패 없는 성장이 가능하기나 한 말일까.

미국의 철학자이며 작가, 출판인에 이르기까지 다채로운 경력을 가진 엘버트 허버드(Elbert Hubbard)는 "인생에서 할 수 있는 가장 큰 실수는 실수하는 것을 계속해서 두려워하는 것"이라고 말한다. 실수와 성공은 뗄 수 없는 한 몸이나 마찬가지다. 한 가지 실수를 했다는 것은 적어도 하나 이상의 배움을 얻었다는 의미다. 이것이 실수를 두려워해서는 안 되는 가장 큰 이유다.

명문대를 나와 우수한 성적으로 회사에 입사해 기대를 한껏 받던 신입사원이 슬그머니 열정을 접는 모습을 볼 때가 있다. 그들은 자유롭게 의견을 개진하는 자리에서도 용기를 내지 못할 때가 많은데, '다 알고 있는 내용을 나만 모르는 게 아닐까' 하는 자기 검열이 작동하기 때문이다. 설사 그렇다 치더라도 그게 뭐 대수겠는가. 그럼에도 그들은 신중에 신중을 기하며 침묵을 지킨다. 사실 이것은 평가 압력을 강하게 받고 자란 우리 세대의 일반적인 모습이다.

이를 극복하기 위해서는 늦더라도 자기만의 실패와 성공 경험을 쌓아야 한다. 그럴수록 비교의 잣대에서 자유로워진다. 어떤 일을 조금 힘들어도 스스로 '해낸' 경험은 세상 어떤 초콜릿보다 달콤하고 부드럽다.

가령 어려운 문제를 붙들고 끙끙대다 비로소 원리를 터득했을 때, 이성에게 구애한 뒤 승낙을 받아냈을 때, 여건이 좋지 않은 가운데 회사의 중요한 일을 해냈을 때의 성취감은 본인이 아니면 알 수 없다. 이때부터 동기는 자동으로 작동한다. 맛을 보았기 때문이다. 이 맛은 웬만한 실패의 쓴맛쯤은 감수할 수 있게 해준다. 이 선순환의 시작점은 바로 '실행'이며 '도전'이다.

문제 해결력을 키우는 질문의 힘

아이들은 질문을 하면서 큰다. 3세 이전까지는 "이거 뭐야?"처럼 사물에 대한 궁금증, 즉 '무엇(What)'에 해당하는 질문이 주를 이룬다. 그러다 점차 "눈은 왜 흰색이야?"처럼 '왜(Why)'로 바뀌고, 마침내 '왜 안 될까(Why not)'까지 발전한다.

끝없이 질문하는 아이에게는 정답보다 반응이 중요하다. 아이들의 질문에 친절하게 답을 해준 경우가 그렇지 않은 경우보다 아이의 질문 수준을 높인다는 연구 결과도 있다. 질문을 많이 한다는 것은 알고자 하는 욕구가 높다는 뜻이다. 아이가 흥미를 잃지 않도록 격려와 동시에 적절하게 답해주는 것이 아이의 문제 해결 능력을 키우는 차원에서도 바람직하다.

세계적인 디자인 혁신 컨설팅 기업인 시모어파월(Seymourpowell)의 창업자 딕 파월(Dick Powell)은 진짜 창의적인 질문은 'Why not'에서 나온다고 말한다. 그의 말에 따르면 새로운 아이디어를 접했을 때 "여기에 우리는 왜 투자를 해야 하지?"라고 물으면 좋은 아이디어를 사장시킬 수 있는 방해막이 된다. 반면 "이거 한번 해보는 게 어떨까?(안 할 이유가 있어?)"에는 훨씬 도전적인 기업가 정신이 깃들어 있다.

질문은 사람을 움직이고 나아가 세상을 변화시킨다. 굳이 대단한 목표가 아니더라도 질문의 힘은 4차 산업혁명 시대의 생존력이라고 해도 과언이 아닐 것이다. 특히 역사는 'Why not'으로 질문하는 사람들이 이끌어 왔다.[16]

사소한 질문이 이룬 일상의 혁명

병뚜껑 외판원인 한 사내가 출근을 하기 위해 면도를 하려던 참이었다. 아뿔싸, 면도날이 사용할 수 없을 만큼 무뎌져 있었다. 다시 쓰려면 면도날을 가죽에 대고 한참 동안 문지르거나 날을 가는 기술자에게 맡겨야 한다. 그 순간, 사내는 문득 이런 생각이 들었다. '면도날은 갈지 않으면 안 되나?'

사내는 그 질문을 해결하기 위해 8년을 매달렸고, 1901년 일회용 날이 달린 면도기를 특허 등록했다. 그의 이름은 킹 캠프 질레트(King Camp Gillette)다. 질레트 면도기는 남성들의 위생을 획기적으로 개선시키며 불티나게 팔려나갔고, 미국의 일회용 문화에 불을 당겼다.

매사추세츠 공대에 재학중이던 드루 휴스턴(Drew Houston)의 머릿속에는 언제나 창업 생각뿐이었다. 어릴 때부터 늘 사업을 꿈꿔왔던 그는 21세에 회사를 차렸다.

하지만 음식점, 온라인 수업 서비스 등 하는 것마다 연거푸 실패했다. '나에게는 창업할 만한 역량이 없구나' 하는 생각이 지배적이던 2006년 어느 날, 드루 휴스턴은 보스턴에서 뉴욕으로 가는 버스에 올랐다. 4시간이나 되는 긴 여정 동안 그는 버스 안에서 코딩 작업을 하기로 했다. 하지만 코드가 담긴 USB 메모리를 노트북에 꽂아두고 왔다는 것을 그제서야 알아차렸다.

너무도 당황스러워서 그는 15분 동안이나 멍하니 앉아 있었다. '왜 이런 거 하나 하는데도 이렇게 불편하고 힘들어야 하지?'

뉴욕에 도착한 후 드루 휴스턴은 인터넷이 되는 곳이라면 어디서든 간편하게 각종 파일을 열어볼 수 있는 가상의 저장 장치가 있으면 좋겠다는 아이디어를 떠올렸다. 그리고 생각나는 대로 노트북에 코딩 작업을 했다.

그것이 세계적인 클라우드 서비스 '드롭박스(dropbox)'의 시작이다. 클라우드는 이제 대중화된 온라인 저장 공간이다. 드롭박스가 세상에 나온 2007년은 스티브 잡스의 스마트폰이 세상에 나온 원년이기도 하다. 모바일 혁명을 만난 드롭박스는 물 만난 고기 같았다. 서비스는 빠르게 대중 속으로 퍼져나갔고, 클라우드의 표준으로 자리잡게 된다.

위기를 기회로 만든 의문들

스포츠 의류 브랜드 언더아머(Underarmour)의 CEO 케빈 플랭크(Kevin Plank)는 유복한 집안에서 태어나 명문 사립고교에 진학했다. 여기까지는 운이 좋았다. 하지만 고등학교 때부터 일이 꼬이기 시작했다. 그는 낙제를 하는가 하면, 술을 먹고 싸우다 퇴학까지 당하고 만다.

케빈 플랭크는 미식축구를 통해 대학에 진학할 생각이었다. 하지만 그를 영입하겠다는 학교는 아무 데도 없었다. 결국 그는 자비를 들여 메릴랜드 미식축구 팀에 간신히 합류했다. 주목받지 못한 선수였던 만큼 누구보다 열심히 훈련과 연습에 임했다. 땀이 많은 체질이었던 그는 휴식 때마다 땀에 젖은 무거운 옷이 불쾌하기 그

지없었다. 하루는 티셔츠의 무게를 달아보니 무려 1.4kg이나 됐다. 경기력에 지장을 줄 정도의 무게였다. 그는 '왜 어느 누구도 이보다 더 좋은 운동복을 만들지 않을까?' 하는 의문을 가졌다.

대학을 졸업한 뒤 본격적으로 스포츠 의류 사업에 뛰어들었다. 처음으로 합성섬유 티셔츠를 만든 뒤 5년 동안 상품을 변형하고 또 변형하는 작업을 되풀이했다. 그러자 점차 품질이 좋아졌고 입소문도 났다. 대학 미식축구팀을 시작으로 야구, 럭비 선수들도 그가 만든 언더아머 제품을 찾기 시작했다. 나중에는 여성 의류, 운동화 시장까지 진출했다. 현재 언더아머는 나이키, 아디다스에 이은 전 세계적인 스포츠 브랜드가 됐다.[17]

2008년 미국발 경제위기는 경제 대국이었던 일본도 어김없이 강타했다. 당시 거의 모든 기업이 불황에 허덕였다. 그런 상황 속에서 꿋꿋하게 성장한 기업이 있다. 바로 캐주얼 의류 브랜드 유니클로다. 회장 야나이 다다시(柳井正)에게 언론은 '불황을 이긴 사나이'라는 별명을 붙여주었다.

야나이 다다시는 지방의 작은 양복점 주인으로 시작해 25년 만에 일본 최고의 부자가 된 입지전적인 인물이다. 유니클로를 성공시킨 비결은 우선 '값싼 시장'이라는 틈새를 공략했다는 데 있다.

그러나 그게 전부는 아니다. 유니클로는 90년대부터 옷을 살 때는 누구의 눈치도 받지 않아야 한다는 원칙을 적용했다. 그는 옷을 고르는 손님 앞에 버티고 서 있는 점원에 주목했다. 점원의 권유에 불편함을 느낀 손님이 돌아서는 모습을 보면서 '이런 불편함을 없앨 수는 없을까?' 하는 의문을 가졌다.

그는 미국 유학 시절 문방구에 드나들던 경험을 떠올렸다. '의류도 잡지를 구입할 때처럼 맘 편히 고르면 안 될까?' 당시 옷가게의 모든 점원은 파는 것에만 집중했지, 고객의 입장을 세심하게 살피지는 않았다. 그런 정신으로 고객의 마음을 꿰뚫어 본 유니클로 1호점이 탄생했고, 반응은 폭발적이었다.[18]

질문이
세상을 바꾼다

드롭박스를 창업한 드루 휴스턴, 언더아머의 창업자 케빈 플랭크 그리고 유니클로를 만든 야나이 다다시. 이들은 모두 '왜 안 될까?'라는 질문을 던졌다. 그들은 거창한 계획과 전략을 세우고 실행한 게 아니라 질문을 던지고 실행하며 계획을 수정해나갔다.

아인슈타인은 눈을 감던 1955년의 마지막 날에도 수학 공식 한 줄을 적고 있었다. 종이에 쓰인 그 공식들은 아인슈타인의 집요함을 상징한다.

왜 이 나침반 바늘은 계속해서 북쪽을 가리키며 흔들리는 것일까? 왜 이게 가능할까? 전자기와 중력은 입자와 어떤 방식으로 상호작용하는 것일까? 어릴 적 아버지에게서 선물 받은 나침반을 가지고 놀며 들었던 의문과 질문이 평생을 그와 함께한 것이다. 아인슈타인을 있게 한 힘은 '질문'이다. 공부는 못해도 질문만큼은 끝내주게 잘했던 아인슈타인의 곁에는 어떤 질문에도 답을 해주는 부모가 있었다.

10대에 췌장암 진단법을 만든 잭 안드라카의 어머니는 이 질문의 힘을 잘 알고 있었다. 그녀는 아들 형제의 호기심을 채워주기 위해 수시로 '질문 던지기 게임'을 했다. "만약 해가 사라지면 어떻게 될까? 시작!" 형제 간의 경쟁은 뜨거웠고, 녹초가 될 것 같으면 어머니는 불쑥 다른 질문으로 유도했다.

질문은 단지 아이디어의 영역만이 아니다. 용기 있는 질문이 인생을 바꾸기도 한다. 소프트뱅크의 손정의 회장은 대학 입학 시험과 관련한 유명한 일화를 가지고 있다. 그는 고등학교 1학년 때 4주간의 해외 어학연수를 마치면서 유학을 결심했다. 미국 세라몬테 고등학교 2학년에 편입한 뒤 3주 만에 고교 졸업 검정고시에 합격할 만큼 지독하게 공부했다. 그럼에도 그에게 영어는 언제나 큰 벽이었다.

대입 시험을 보는 날, 문득 자신과 같은 외국인이 미국 학생들과 동일한 조건으로 시험을 본다는 게 공정하지 못하다는 생각이 들었다. 손정의는 손을 들어 감독관에게 질문했다. 영어 사전을 볼 수 있게 해달라고 요구한 것이다. 교육위원회는 처음 벌어진 이 상황에 당황했지만 재빠르게 위원들을 소집했다. 그리고 이런 결론을 내렸다. "손정의 학생의 요구는 타당하다." 그의 질문은 자신 스스로의 인생을 완전히 바꿔놓았다.

부모의 말실수
"왜 이렇게 말이 많아?"

～～～～～～ 어린아이들은 질문의 일인자다. 말이 어려우면 몸으로라도 질문한다. 그래서 아이들의 손은 늘 세상 어딘가를 향해 있다. 아이들은 타고난 탐험가이자 과학자다. 주위에 아이의 '욕구'를 채워줄 것들이 가득하다면 호기심은 절대 꺼지지 않는다. 그런데 부모들이 의도치 않게 아이들의 호기심을 꺾는 경우가 있다. 대표적인 예가 질문을 대하는 태도다.

아이가 만 6세 무렵의 어느 날, 느닷없이 한자를 물어왔다. 벽에 걸린 칠판에 '나무 목'자를 쓰고는 "아빠 이거 알아?" 하고 묻는 것이다. 몰라서 묻는 게 아니라 나를 테스트하고 있는 것 같았다. 며칠이 지나자 아이가 쓰고 있는 한자 양이 급속하게 늘었다. 사람인, 하늘 천, 여섯 육, 비 우, 밭 전….

'대체 어찌된 일일까?' 유치원에서 배우지 않은 것만은 분명했다. TV를 보다가 한자에 호기심을 갖더니 한자 책을 사달라고 해서 사 준 게 전부였다. 한자에 대한 뜻을 물어보다가 점차 단어에 해당하 는 한자를 물어오는 터에 당황한 적이 꽤 있다. 예를 들면 이런 식 이다. "아빠 전자레인지가 한자로 뭐야?"

한창 궁금한 게 많을 나이, 아이는 끊임없이 질문을 하고 종알댄 다. 툭하면 "왜?"로 시작하는 아이의 질문이 낯선 것은 아니지만 부 모로서 대답하기 곤란할 때가 적잖이 많다. 어른들은, 산에는 왜 나 무가 많아? 볼은 왜 동그랗게 생겼어? 밥을 먹으면 어떻게 몸속에 들어가? 등의 질문을 하지는 않으니 말이다.

아이가 기특해서 최대한 답을 해주려고 노력하지만, 바쁠 때는 "왜 이렇게 말이 많아? 나중에 알려줄게" 하며 슬쩍 피할 때도 있 다. 이때 아이의 호기심은 벽에 부딪친다. 엄마 아빠의 표정을 보면 서 아이들은 더 이상 이렇게 물어보면 안 되는구나 하고 생각할 수 있다. 많이 물어보는 것은 안 좋은 일이라고 느끼는 것이다. 그 순간 호기심의 화살은 멀리멀리 달아나버린다. 어느 날 "우리 아이의 호 기심이 어디로 갔지?" 하고 찾아봐야 때늦은 후회만 남을 뿐이다.

이스라엘 부모들의
특별한 질문 교육

프리 노벨상이라 불리는 울프 상이 있다. 이스라엘에서 매년 6개 분야의 과학자와 예술가에게 수여하는 상인데, 수상자 셋 중 한 명이 5년 뒤 노벨상을 받아 붙여진 별칭이다. 몇 해 전 울프 재단의 리타 벤 데이비드(Liat Ben David) 대표가 방한한 적이 있다. 그가 시종일관 강조한 교육 덕목은 질문이었다. 그는 유대인의 창의성의 비밀은 질문이며, 끊임없이 노력해야 질문을 잘할 수 있다고 강조한다.

> 이스라엘 부모들은 아이들이 집에 오면 오늘 '가장 잘한 일'과 '가장 잘못한 일'을 물어봅니다. 또 왜 그렇게 생각하는지 다시 물어봅니다. 그러다 보면 아이들은 왜 질문을 해야 하고, 고민해야 하는지 깨닫게 됩니다. 특히 실수를 했다면, 어디에서 잘못되었는지 계속 물어보세요. 실수에서 얻은 지식은 잘 잊지 않습니다.[19]

데이비드 대표는 질문이 없는 조용한 교실은 분명 문제가 있다는 것을 교사들이 인식해야 한다고 말한다. 마찬가지로 아이들이 질문하지 않는 집 또한 문제가 있는 것은 아닐까. 아이가 이야기를 꺼낼 수 있도록 부모가 먼저 질문을 던져보자. 가령 아이가 학교에서 돌아왔을 때 "잘 다녀왔니?" 하고 물으면 대개의 아이들은 "네!" 하고 반응한다. 이는 구체적이지도 않으며 닫힌 질문이다.

반면 "오늘 수업 중에 어떤 게 재미있었니? 미술 시간에 찰흙으로 무엇을 만들었니?" 등 구체적으로 열린 질문을 하면 아이들은 이야기보따리를 풀어놓기가 편해진다. 더불어 아이들은 부모가 자신에게 관심을 가지고 있다고 느낀다. 자기 자신이 사랑받을 만한 가치가 있다고 느끼는 것은 자존감의 본질이다. 호기심은 안정적인 정서에서 샘처럼 솟아오른다는 것을 명심하자.

3부

❷ 자율성 욕구

강요하지 마라!

: 아이들은 결정한다, 고로 존재한다

스스로 결정하는 선택의 힘

『톰 소여의 모험』은 미국 아동문학의 금자탑이라 불리며 무려 100년 넘게 사랑받는 세계적인 베스트셀러다. 인기 비결은 결코 고전이라서가 아니다. 톰 소여와 친구 허클베리 핀, 이 두 소년이 벌이는 모험담은 어른들도 흠뻑 빠져들 만큼 흥미진진하다.

작가 마크 트웨인은 책 머리말에 "어린이에게 즐거움을 주기 위해 썼지만 어른들이 꼭 읽기를 권한다"고 밝히고 있다. 내용을 읽어보면 그 말의 이유를 충분히 알 수 있다. 책 속에는 당시 사회상을 그리는 날카로운 풍자는 물론이고 인간의 본성에 대한 '통찰'이 곳곳에 스며 있다.

주인공 톰은 짓궂은 장난을 하다가 이모에게 붙잡혀 벌을 받는다. 톰에게 내려진 벌은 높이 3m, 폭이 30m에 이르는 울타리 전체를 페인트칠하기다. 누가 보아도 어린이 혼자 해내기는 힘든 일이다. 그보다도 친구들이 놀려댈 걸 생각하니 톰의 마음은 더 불편하다. 그때 기발한 아이디어가 떠올랐다. 저 멀리 친구의 모습이 보이자 톰은 마치 재미있는 놀이라도 하듯 정성스럽게 칠을 했다.

벌을 받는 중이냐며 친구가 깐죽대도 톰은 아랑곳하지 않았다. 그런 모습을 의아하게 생각한 친구가 한번만 칠해보자며 넙죽 미끼를 문다. 톰은 단번에 거절한다. 실수하면 절대로 안 되는 일이라며 정색까지 한다. 그러자 안달이 난 친구는 가지고 있는 사과를 줄 테니 한번만 칠하게 해달라고 사정한다. 어느새 울타리 앞에는 톰의 미끼를 문 순진한 친구들이 줄을 선다. 그날 울타리는 무려 세 번이나 덧칠해졌고, 톰은 여느 때처럼 신나게 놀 수 있었다.[1]

힘든 일도 놀이로 만드는 자발적 선택

감탄을 금할 수 없는 명장면이다. 장난꾸러기 톰은 이미 인간의 본성에 대해 꿰뚫고 있었다. 마크 트웨인은 이 장면을 통해 '자기가 선택한 것'이라면 지겨운 일도 얼마든지 '즐거운 놀이'가 될 수 있다는 것을 보여준다. 아이를 키우는 부모라면 이미 경험적으로 알고 있는 사실이기도 하다.

아빠: 방글아, 설거지 같이 할까?

아이: (단번에) 아니 싫어.

아빠: 그래? 그럼 아빠 혼자 한다! 괜찮아?

아이: (생각에 잠기더니) 아니야. 같이 하자.

아빠: 그럼 방글이는 아빠가 그릇을 주면 헹구는 거다.

아이: (수세미를 보더니) 나도 아빠처럼 닦으면 안 돼?

아빠: 안 돼. 방글이는 아직 어려서 세제가 밖으로 튀거든.

아이: 조심해서 하면 되잖아.

아빠: 아니야. 아직 안 돼. 더 크면 하게 해줄게.

아이: 아빠~ 제발!

아빠: 알았어. 그럼 딱 열 개만 할 수 있게 해줄게.

아이: 오, 예!

아빠: 조심조심 천천히 하는 거야!

아이: 응!!

아이가 만 5세 9개월이던 어느 날의 이야기다. 이날 나는 일도 줄이고, 즐겁게 놀아주는 좋은 아빠도 됐다. 자기결정의 힘은 이처럼 강력하다. 자기가 선택한 것이라면 외적 동기로 시작된 행동이라도 얼마든지 내적 동기로 전환될 수 있다.

미래학자 다니엘 핑크는 이를 '톰 소여 효과'라고 명명하고 호기심과 흥미가 동기의 요체임을 강조한다. 그리고 그 근간에 선택 욕구가 있다. 그렇다고 거저 채워지지는 않는다. 우리의 일상은 수많은 선택으로 가득 차 있다. 가령 출근할 때 지하철을 탈까, 차를 가져갈까? 오늘 해야 할 일 중에 어떤 일을 먼저 할까? 점심은 누구랑 먹을까? 일일이 열거하기도 힘들 만큼 우리는 하루에도 수 십 가지의 선택앞에 놓인다. 살면서 누구도 이런 선택을 피할 수는 없다.

사람들은 자신의 선택이 스스로의 미래를 좌우한다는 사실을 간과하는 경향이 있다. 일상에서의 선택들을 대개 소소한 것들로 여겨서 그럴 수도 있다. 하지만 그중 몇 가지 결정은 인생을 송두리째 바꾸기도 한다. 입학과 취업, 결혼 등의 결심이 그런 경우다.

자존감을 높이는
선택의 힘

선택의 뒷면에는 기회비용이 존재한다. 선택만큼 후회의 수도 늘어난다는 의미다. 어제 모임에 참석하지 않았으면 어땠을까? 영문과가 아닌 경영학과를 갔으면 좋았을 텐데, 다른 직장을 갔으면 어땠을까? 물론 돌아오지 않는 시간이다.

미국의 사회심리학자 배리 슈워츠(Barry Schwartz) 교수는 선택에 대한 재미있는 실험을 했다. 마트에서 시간 차이를 두고 잼 시식회를 열었다. 한 번은 6가지 종류의 잼을 진열하고 시식회를 진행했고, 또 한 번은 24가지 종류의 잼을 진열했다. 어느 시식 가판대의 잼이 더 많이 팔렸을까?

6개의 잼을 진열했던 가판대에서는 30%의 판매율을 보였고, 24개의 잼을 내놓은 가판대에서는 3%의 판매율을 보였다. 더 많은 선택지를 제공했는데 오히려 판매량은 떨어졌다. 이 결과를 어떻게 해석해야 할까?

첫째, 선택 사항이 많다는 것은 선택을 하는 과정에 더 많은 정보가 필요하다는 것을 의미한다. 뇌에 과부하가 걸린다는 뜻이다.

둘째, 선택지가 많아지면 그 만큼 기회비용이 많아진다. 따라서 인간은 후회를 줄이기 위해 낮은 기회비용을 치르려고 한다. 슈와츠 교수는 이를 '선택의 역설'이라고 명명한다.

이처럼 선택지가 많다는 게 어느 상황에서나 좋은 것은 아니다. 선택지가 많을수록 결정한 뒤 자신의 판단을 확신하지 못해 망설이는 경우가 있는데, 이 또한 우리 인간의 모습이다.

독일의 젊은 저널리스트 올리버 예게스(Oliver Jeges)가 쓴 「결정 장애 세대(Generation Maybe)」라는 제목의 에세이가 의외의 반향을 불러일으키자 책으로 출간됐다. 올리버 예게스는 "글쎄요"라는 말을 입에 달고 살아가는 또래의 젊은 세대의 고민을 적나라하게 드러냈다. 책은 대안을 찾기 위한 비판서는 아니다. 그저 "우리 세대는 그렇다"고 말할 뿐이다. 인터넷에서 손가락 하나만 까딱하면 원하는 것들을 찾을 수 있고, 역사상 그 어느 때보다 기회가 많은 시대의 또 다른 역설이다.

하지만 선택을 어렵게 하는 요인이 많다는 게 우리가 선택을 회피해야 하는 이유일까? 사회를 통제할 수 없다면 결국 통제할 수 있는 것은 자기 자신 아닐까? 자아심리학의 아버지라 불리는 알프레드 아들러(Alfred Adler)는 인간의 가장 중요한 덕목으로 선택권을 강조했다. 그는 이를 '자기결정'이라고 표현한다. 알프레드 아들러는 환경과 자기결정 사이의 함수관계를 다음과 같이 정리한다.

우리가 지금까지 살아온 인생은 유전이나 성장 배경, 나고 자란 지역이나 입사한 회사 등 많은 요소가 영향을 미친 결과다. 그러나 그보다 큰 영향을 미치는 결정적 요인은 우리 자신이 내린 수백만, 수천만 번의 결단이다. 그것은 누군가가 강요한 것이 아니라 당신이 직접, 자신의 의지로 내린 것이다. 만약 당신이 부모님의 가치관을 따르며 살고 있다면, 그렇게 살기로 결정한 것은 당신이다.[2]

아들러가 인생은 지극히 단순하다고 말한 이유다. 부모를 잘못 만나서, 시대를 잘못 타고 나서라고 탓할 이유가 없다. 모두가 나의 선택이다.

소설『리스본행 야간열차』로 유명한 독일의 철학자 파스칼 메르시어(Pascal Mercier)는 자신의 에세이「결정 장애」에서 "결정 장애는 타인이 내게 끼치는 영향이 너무 막강한 나머지 자신이 진정 원하는 결정을 내리지 못하는 현상"이라고 진단한다.

이와 관련한 시사점은 부모 역시 타인이라는 점에서 출발한다. 그는 한국의 한 인터뷰에서 이렇게 말한다. "행복하고 존엄한 삶을 위해서는 내가 삶을 결정하는 것이 중요하며, 자녀 교육에 있어서도 부모는 자녀가 자신의 기대를 투사해도 되는 존재가 아니라는 점을 명심해야 합니다."

인간은 만 2세 무렵이 되면 자아 개념을 갖게 되고, 이후 끊임없이 자아존중감을 키워간다. 이것은 인생의 어느 한 단계에만 머무르지 않고 죽을 때까지 계속해서 존재한다. 그 중심에 선택권이 있다. 내가 원하는 것을 선택하고 결정하고자 하는 것은 인간의 본능이다. 본능을 충실히 따르지 않으면서 자아존중감을 키우겠다는 것은 사리에 맞지 않는 이야기다.

물론 선택의 결과를 미리 예측할 수는 없다. 부모라고 해서 예외는 아니다. 과거의 경험이 모든 해답을 주지도 않는다. 선택에는 기회비용이 따르며, 때로는 모험도 감수해야 한다. 중요한 것은 스스로의 선택과 결정 과정 그 자체에 있으며, 자신만의 방법을 찾는 것이다.

아이를 자기 삶의 주인으로 만드는 법

세상의 많은 인간관계 가운데 부모 자식의 관계만큼이나 이성적으로 해석하기 힘든 것이 또 있을까? 경우에 따라서는 자식이 부모와의 법적 관계를 끊을 수도 있다는 판례가 나오는 세상이기는 하지만, 그렇더라도 혈연은 그 어떤 관계보다 끈끈하다.

부모니까, 부모여서라는 식의 수식어가 붙는 순간 그 말은 헌신 그 자체이며, 친구의 자식 문제는 내가 개입할 수 없는 친구의 문제일 뿐이다. 어지간한 말은 입 밖으로 꺼내기 전에 몇 번은 생각해야 한다. 그만큼 조심스럽고, 그래서 좋은 말만 해야 하는 게 자식 교육에 대한 이야기다. 예로부터 부모 자식 간의 관계 규정이 많은 유교 문화권에서는 특히 더 그렇다.

이와 관련해서 고려대 심리학과 연구팀은 '동과 서, 모성의 차이는 있을까?'라는 흥미로운 연구를 진행했다. 실험을 위해 한국 엄마

11명, 미국 엄마 11명을 모집했다. fMRI(기능성 자기공명영상)를 통해 특정 상황에서 뇌의 반응을 비교해보기로 했다. 엄마들에게 '다정다감한'이나 '화난' 등의 성격과 감정에 대한 형용사 150개를 제시하고 자신 혹은 자녀와 일치되는 단어가 나오면 버튼을 누르게 했다.

자신을 판단할 때와 자녀를 판단할 때 어떤 차이가 있을까? 먼저 한국 엄마들을 대상으로 한 실험 결과다. 엄마들이 자신에 대한 단어들을 판단할 때는 뇌의 내측전전두엽이 활성화됐다. 이 부위는 자신을 생각할 때 주로 활성화되는 영역이다. 타인을 판단할 때는 등측전전두엽이라는 전혀 다른 영역이 활성화된다.

타인이지만 선뜻 완전한 남이라고는 말할 수 없는 자녀의 경우는 어떨까? 놀랍게도 자녀를 판단할 때도 자신을 판단할 때의 영역인 내측전전두엽이 활성화되는 것으로 나타났다. 쉽게 말해 한국 엄마들의 뇌는 자신과 자녀를 동일하게 여기는 것으로 간주한다는 것이다.

그렇다면 미국 엄마들은 어떨까? 결과는 동일했다. 미국 엄마들도 자신을 판단할 때나 자녀를 판단할 때 뇌의 같은 영역에서 활성 반응을 나타냈다. 자녀에 대한 시각과 모성은 문화와는 상관없다는 증거였다.

실험은 생물학적 모성의 보편성에 대한 증명이었지만 자녀의 주도성과 관련해 뚜렷한 시사점을 남긴다. 자녀를 나와 다른 주체적 인간으로 인정하고 주도성을 부여하는 것은 본능과 다르게 매우 의식적인 노력을 해야 한다는 사실이다.[3]

그렇다면 우리의 부모들은 어느 정도 의식적인 노력을 기울이고 있을까? 한 교육 다큐멘터리에서 중학교 2학년 교실을 찾아가 아이들에게 엄마에 대한 평소의 생각을 물었다. "우리 엄마는 ○○○다"라는 빈칸에 채워진 답변들을 보니 학습 매니저, 과외 교사, 성공의 손길, 교사, 교과서같이 공부와 관련된 내용들이 많았다.

특히 매니저라는 말이 눈길을 끌었다. 부모를 '보살핌'의 존재보다는 '관리'하는 존재로 보는 시각이 많다는 증거였다. 보살핌이 따뜻한 마음으로 인한 행위라면, 관리는 머리로 하는 행위다. 조금 심하게 말하면 스케줄을 관리하고 학원에 데려다주는 일 등은 부모가 아닌 타인도 잘할 수 있는 일이다.

그런 가운데 부모에 대한 존경심이 생길 수 있을까? 특히나 중학생은 엄청난 수준으로 몸과 마음의 변화를 겪는다. 뇌 발달의 측면에서는 '공사 중'인 상태나 마찬가지다. 초등학생 때와 달리 통제를 받지 않으려 하고 분리를 추구하는 성향이 본격화되는 시기이기도 하다. 별 것 아닌 일에도 "좀 내버려두세요!"라고 항의하는 때라는 뜻이다.

무엇보다 청소년기는 자아정체감 형성이 가장 중요한 발달 과업이다. 스스로 공부는 왜 해야 하는가에 대한 답을 찾으려는 노력도 본격적으로 진행해야 한다. 실제로 이 시기의 아이들은 이런 고민에 빠진다. 이렇게 점점 자율성 욕구가 높아지는 시기에 부모의 관리가 더욱 강화되면 부모 자녀 사이에 갈등의 골만 깊어진다.

아이를 삶의 주인으로 만들기 위해서는 스스로 생각할 수 있는 시간과 부모와의 열려 있는 대화가 중요하다. 그런데 자녀에게 매니저로 각인되어 있는 부모가 아이의 친구 이름, 아이가 관심 있어 하는 것, 아이의 요즘 고민 등을 얼마나 알고 있을까?

연세대학교 사회발전연구소에서 세계 아동을 대상으로 부모와 함께 식사하는 비율을 조사했다. 한국은 57%로, OECD 평균 78%에 한참을 못 미쳤다. 절대적인 대화 시간이 부족하다는 반증이다. 왜 이렇게 되었을까?

공부 때문이다. 좋은 부모의 길을 가려고 할 때 가로막는 가장 큰 장애물이 바로 공부다. 주목할 것은 인터뷰한 아이들의 이야기를 자세히 분석해보면 공부에 대한 주도권이 상당 부분 아이가 아닌 부모에게 있다는 점이다.

우리나라 사람들에게 "공부는 아이들 스스로 하는 거 아닌가요?" 하고 말하면 대뜸 "어느 나라에서 왔어요?" 하는 대답이 돌아오지 않을까.

학습 태도를 결정하는
자기주도성

~~~~~~~~~

언젠가부터 부모의 경제력이 자식 성공에 필요조건이라는 인식이 팽배해졌다. '학생의 잠재력인가? 부모의 경제력인가?' 요즘 서울대에 입학하는 학생들을 보면서 김세직, 류근관 두 명의 경제학자가 가진 의문이다. 정말 세간의 불만처럼 수저 색깔이 서울대 입학을 좌우할까?

연구진은 서울 지역을 구분해 학부모 소득, 지능 등을 교차 분석해 학생의 잠재력을 일컫는 '진짜 인적 자본' 추정치를 산출했다. 이를 기준으로 비교해보니 서울대 합격률이 가장 높은 강남구와 강북구의 차이는 1.7배였다.

그러나 2014년 실제 입시에서 강남구의 서울대 합격률은 강북구보다 20배가량 높았다. 현재 대학 입시에서 학생 개인의 잠재력보다 부모의 배경이 더 중요하다는 강력한 증거였다. 연구진은 "현재의 입시 제도는 잠재력이 높은 진짜 인재를 가려내는 데 실패했다"고 지적한다.[4]

이만하면 부모들이 적극 개입하는 편이 훨씬 효과적이라고 생각할 수 있다. 적어도 인생 목표가 대입이라면 이런 판단이 맞을지도 모른다. 그러나 중요한 것은 대학에 입학한 '그 후'가 아닐까? 미래 사회가 원하는 인재에 가까워지는 시점 말이다.

2017년 카이스트는 신입생들의 출신 고교별 학점 변화를 공개했다. 카이스트는 신입생의 70%가 과학고, 영재고 출신이라고 밝혔다. 이 두 개의 고등학교는 중학교에서 최상위 학생들이 진학하는 곳이다. 그런데 공개 자료를 보면 의외의 데이터를 확인할 수 있다. 과학고, 영재고 출신 학생들의 성적은 학년이 올라갈수록 지체되거나 하락하는 반면, 일반고 학생들은 3학년이 되면서 영재고를 앞섰고 4학년 때는 과학고도 추월했다.

결국 빛을 보는 것은 부모의 배경이 아니라 본인의 노력과 잠재력이라는 의미다. 카이스트 입학처장은 "과도한 선행 학습은 감독(부모)이 승부에 집착해 어린 선수들에게 기본기와 기초 체력은 외면한 채 잔기술만 가르치는 것과 같다"고 말한다.[5]

우리가 심각하게 고민해야 할 과제가 바로 여기에 있다. 공부는 누가 하는 것인가? 인생은 누가 사는 것인가? 다시 본질적인 질문을 던질 수밖에 없다.

공부는 실수와 실패를 스스로 개선해나가는 과정이며, 자기주도성은 학습 태도의 핵심이다. 주도권이 없다는 것은 실패를 통해 배우고 성장할 기회도 없다는 것을 의미한다. 애초에 자기 것이 아니기 때문에 주인 의식을 갖고 진지하게 성찰할 필요도 없으며, 다시 도전할 이유 또한 없다. 너무 슬픈 이야기 같지만 자신의 생활에서 주체성을 놓칠수록 성공은커녕 인간다운 삶과도 멀어진다.[6]

이와 관련한 흥미로운 조사가 있다. 성인 1000명을 대상으로 한 부모의 주도성에 대한 인식 조사 결과 73%가 '부모는 자녀가 원하는 것을 뒤에서 도와주는 사람이다'라고 답한 반면 '자녀가 성공하도록 앞에서 이끄는 사람이다'라고 답한 사람은 27%에 불과했다.[7]

이는 교실에서 만난 초등학생들의 의견과 전혀 다른 결과다. 대게의 아이들은 학업에서의 주도권이 부모에게 있다고 답했다. 과연 누구의 말이 맞을까? 부모의 교육관을 실증하는 것은 자녀의 경험에서 나오는 답변이다. 부모의 역할이 '마땅하다'고 생각하는 인식과 현실의 적용 사이에 그만큼 간극이 크다는 것을 알 수 있다.

불안한 부모, 더 불안한 아이

부모에 대한 신뢰감, 즉 애착은 욕구에 대한 일관적이고 신속한 반응과 관련이 깊다. 하지만 모든 일이 그렇듯이 지나치면 오히려 역효과를 낳는다. 감정에 대한 교육 다큐멘터리를 제작하면서 유아를 대상으로 상황에 대한 부모 행동의 차이를 관찰한 적이 있다. 적절하게 거리를 유지하는 경우와 필요 이상으로 밀접해 있는 경우는 생각보다 많은 차이를 불러왔다.

5세의 아이들을 스튜디오로 초대했다. 아이들이 해야 할 프로젝트는 '젠가 쌓기'였다. 부모에게는 아이가 단독으로 참여하는 실험이라고 말했다. 진짜 실험은 대기실에서 이루어졌다. 촬영 전 연습이라고 말하고 젠가라고 불리는 보드게임 장난감을 주었다. 옆에 있는 엄마에게는 진짜 촬영 때는 아이 혼자 하게 되니까 거들지 말고 말로만 힌트를 주라고 당부했다.

아이와 엄마들이 눈치 채지 못하도록 미리 설치해둔 카메라로 이 모든 상황을 촬영했다. 시간이 흐르자 엄마들도 움직이기 시작했다. 아이가 본 촬영에서 과업을 제대로 해내지 못할까 봐 걱정이 되었는지 급기야 젠가 쪽으로 손을 뻗는 엄마들이 나타나기 시작했다. "안 돼, 그거 빼!" "탁자를 치니까 젠가가 쓰러지잖아!" 아이들 놀이인데 엄마들의 목소리에 긴장감이 역력했다.

스트레스 수위를 조금 높여보기로 했다. 제작진과 약속한 청소부 아주머니가 대기실로 들어왔다. 청소를 마무리하고 나갈 무렵, 아주머니가 대걸레 봉으로 슬쩍 탁자를 건드리고는 미안하다고 말한 뒤 황급히 대기실을 빠져나갔다. 그야말로 공든 탑이 무너진 듯 엄마와 아이들은 망연자실했다. 예상치 못한 스트레스 상황이 발생하면 순식간에 부정적인 정서가 상승하는데 이것을 얼마나 빨리 원래의 평정심으로 되돌릴 수 있는지가 관찰 포인트였다.

침묵이 흘렀다. 어떤 엄마는 감정을 추스르기 힘든지 묵묵히 젠가를 쌓아올리는 데 열중했고, 옆에 있는 아이도 덩달아 시무룩해졌다. 지금 하고 있는 일이 아이의 과업이라는 사실을 잊은 듯했다. 다시 쌓아 올리라고 지시하며 직접 해결사로 나선 엄마도 있었다.

반면 확연히 다른 태도를 보인 엄마들도 있었다. "아주머니가 급해서 그런 거야. 네가 조금 이해해." "아직 10분이나 남았어. 아까 그 시간의 두 배가 남은 거야. 그러니까 다시 할 수 있어." 그녀들은 속상해할 아이의 마음을 살피며 기다리고 격려했다.

16명의 아이들은 이날 하루 동안 총 세 가지의 실험에 참여했다. 퍼즐 맞추기(도전), 선물 포장할 때 쳐다보지 않기(충동 억제), 마음에 안 드는 선물을 받았을 때 감정 누르기(배려). 모든 실험에서 감정 조절을 잘하며 침착하게 과제를 해결한 아이는 3명이었다. 이는 젠가 실험에서의 엄마들 반응과도 상관관계가 높게 나타났다.

실패했던 퍼즐에 다시 도전하고, 선생님과의 약속을 지키기 위해 쳐다보고 싶은 충동을 참아내고, 상대방의 입장을 배려해 감정을 숨길 줄 알았던 아이들. 놀랍게도 이 아이들의 감정 조절 능력은 엄마들의 감정 조절 능력과 정확히 일치했다. 감정 조절 능력이 좋은 엄마들은 자녀의 실수나 좋지 않은 결과에도 기다릴 줄 아는 여유가 있었고, 아이의 행동에 조력자로서 유연하게 참여했다.[8]

광주여자대학교 유아교육과의 김경란 교수는 "아이에게 어떤 일이 발생했을 때 부모가 나서서 '너는 이렇게 해야 해'라고 해결책을 제시하려는 경향은 부모 자신의 불안감을 최대한 빨리 잠재우고 싶다는 생각에서 비롯된다"고 말한다. 자녀에게 용기를 북돋워주기는 해야 하는데 자신의 문제 해결이 더 급하기 때문이다.

무엇이든 스스로 하는 아이는 모든 부모의 소망이다. 전문가들은 '자율성이 기적을 낳는다'고 강조한다. '젠가 쌓기' 실험은 부모들에게 분명한 메시지를 남긴다. 자꾸 개입하고 시킬수록 '시키는 것만 하는 아이'에 가까워진다. 아동심리학자인 조선미 교수는 "자기주도적으로 해보렴"이라고 말하는 것은 이미 어머니가 과도하게 개입한 것이라고 충고한다. 감정이라는 근육은 부모가 말로 되풀이한다고 해서 단단해지지 않는다.

자율성을 키워주는 데는 역할 모델의 행동이 가장 효과적이다. 아이들은 부모의 삶의 태도에서 많은 영향을 받는다. 가장 중요한 타인이기 때문이다. 부모의 가치 체계를 배우고 사회적 태도를 학습하며 부모의 긍정적인 태도를 모방한다. 자율성과 관련해서는 부모 자신의 심리적 안정이 가장 중요하다. 그래야 비로소 자녀에 대한 관용이 생긴다.

또한 자녀와 일정 부분 거리를 둘 때 시야가 확장되며, 자녀의 장점도 보이고 기다릴 수 있는 용기도 생긴다. 그런 부모를 보며 아이들도 힘껏 감정의 기지개를 펴고 실수와 실패라는 스트레스에 맞설 용기를 갖추게 된다. 그때 자율성이라는 심리적 에너지도 빛을 발하며, 낯선 세상을 마음껏 탐색할 수 있는 자신감도 생긴다.

선택의 힘을 보여준
아이젠하워의 어머니

1945년 6월, 미국 캔자스 주의 작은 마을 아빌렌은 고향으로 오는 영웅을 맞이할 준비로 온 마을 사람들이 들떠 있었다.

영웅이 도착하기 전 한 기자가 노모에게 다가가 물었다. "아들이 자랑스럽지 않으신가요?" 그러자 노모는 되물었다. "어느 아들 말이에요?" 기자가 되물었다. "정말 몰라서 하시는 말씀인가요? 드와이트 아이젠하워 장군이요!"

기자가 아들의 이름을 말해주기 전까지 어머니는 정말 '자랑스러운 자식'이 어느 자식을 가리키는지 몰랐다. 아이젠하워의 어머니 아이다 엘리자베스 아이젠하워(Ida Elizabeth Eisenhower)는 그런 사람이었다. 훗날 아들이 대통령이 되었을 때도 아이젠하워를 다른 형제들보다 특별하게 생각해본 적은 없었다. 자식들에게는 이미 익숙한 일이었다.

대통령이
존경한 여인

　20세기 들어 드와이트 아이젠하워의 부모만큼 자식 농사를 잘했다고 평가받는 인물도 드물다. 침대도 제대로 들여놓을 수 없을 만큼 좁은 집에서 여섯 아들을 키웠는데, 모두 남들이 부러워할 정도로 잘 컸다. 첫째는 은행가, 둘째는 법률가, 셋째가 전 미국 대통령 아이젠하워, 넷째는 약사, 다섯째는 엔지니어, 여섯째는 대학 총장이 됐다. 비단 사회적 지위뿐만이 아니라 자녀들의 평판도 훌륭했다.

　그 이유에 대해 아이젠하워는 이렇게 말한다. "부모님이 자식들 앞에서 싸우지 않았고, 비록 겉으로는 드러나지 않았지만 누구보다 자식들을 사랑했기 때문인 것 같습니다."

　형제들은 모두 우애도 좋았고 효심도 깊었다. 이를 입증하는 것 중 하나가 1960년대 비밀에서 해제된 국가 문서를 통해 세상에 드러나기도 했다. 문서는 1944년 5월 어느 날 작성되었고, 거기에는 '일급비밀'이라고 찍혀 있었다. 당시는 그 유명한 노르망디 상륙작

전을 불과 며칠 앞둔 시점이었다.

특별 명령의 정체는 아이젠하워가 어머니날을 맞이해 인사를 전달하라는 내용이었다. 비록 어떤 사정에서인지 발송되지 못했지만 그의 효심이 어느 정도인지 잘 보여주는 대목이다. 위대한 장군이 된 셋째 아들은 전쟁을 치르는 동안에도 적어도 두 달에 한 번은 고향으로 편지를 보냈다.

아이젠하워가 점점 유명해지면서 가족들의 이야기가 신문과 라디오를 통해 퍼져나간 것은 자연스러운 일이었다. 아들은 어머니에게 기자들을 자주 만나지 말 것을 권했다. 어머니가 너무 지칠 것을 염려해서였다. 하지만 언젠가 아들은 어머니가 세상에서 가장 위대한 여인이라는 사실을 보다 많은 사람들이 알게 되어 기쁘다고 말하기도 했다.

네가 선택한 일이라면

아이젠하워 부모는 끼니를 걱정하며 살았지만 자녀들은 엄격하게 가르쳤다. 특히나 규칙을 지키는 일에 대해서만큼은 타협이 없었다. 자식 중 누구라도 할 일을 미루거나 학교 공부를 등한시 했다가는 저녁을 굶어야 하는 벌을 받거나 매를 맞기도 했다.

아동 인권에 대한 인식이 높아진 지금 시각으로 보면 가혹한 면도 있지만 자립심을 길러주기 위한 특별한 훈육이었다. 부모는 자식들에게 공부를 하고 싶으면 스스로 돈을 벌어서 학교에 가라거나 물속에 빠져 죽든가 아니면 헤엄을 치라는 말을 자주 했다.

아이젠하워가 고등학교를 졸업하고 미래에 대해 고민할 무렵이었다. 그는 장차 무엇을 해야 할지 목표도 정하지 못한 상태였다. 둘째 형을 유독 좋아했던 셋째 아이젠하워는 자신이 돈을 벌어 학비를 댈 테니 형이 먼저 대학에 가라고 제안했다. 그다음에는 형이 동생의 학비를 대기로 약속했다. 동생은 약속대로 유제품 공장에서 2년간 일을 해 형의 학비를 보탰다.

약속한 시간이 다가올 무렵 아이젠하워는 뜻밖의 기회를 발견한다. 친구를 통해 육군사관학교의 학비가 무료라는 사실을 알게 된 그는 그쪽으로 마음을 굳힌다. 군대에 흥미를 느끼기도 했지만 돈을 내지 않고도 대학 교육을 받을 수 있다는 데 더욱 끌렸다.

부모는 자식들의 결정을 존중하는 사람들이었다. 맏아들이 하루빨리 성공하고 싶은 마음에 대학 진학을 포기했을 때도 애써 아들의 마음을 돌리려 하지 않았다. 공부를 잘한 둘째가 의사가 되기를 바라는 것과 달리 법률을 선택했을 때도 그 길을 축복해주었다. 하지만 군인이 되겠다는 셋째 아들의 결정만큼은 받아들이기 힘들었다. 당시 미국은 제1차 세계대전에 뛰어들기 직전이었고, 전쟁에서 죽음을 떠올리는 일은 너무도 당연했다.

어머니가 받은 충격은 아버지의 상상을 넘는 수준이었다. 단지 독실한 기독교 신자여서가 아니었다. 어머니 아이다 스토우버는 남북전쟁이 한창이던 1862년, 미국 버지니아의 산골 마을에서 태어났다. 태어날 무렵 동네는 이미 폐허가 되어 있었다. 그 한복판에서 어머니는 아이다와 그녀의 형제들을 남긴 채 세상을 떠났다. 그녀의 나이 5세도 채 되지 않은 때였다. 전쟁이 어머니를 죽음에 빠뜨렸다는 생각은 그녀에게 평생 트라우마로 남았다. 아이다에게 전쟁은 공포이자 죄악이었다.

그런데 자기 미소를 쏙 빼닮은 아들이 전쟁터로 가겠다고 말한 것이었다. 육군사관학교에 들어간다고 해서 꼭 군인이 되라는 법은 없다는 아들의 말도 귀에 들어오지 않았다. 어머니는 몇날 며칠을 고민하다 아들에게 이렇게 말했다. "네가 선택한 것이라면…."

뉴욕타임스의 기자로 오랫동안 대통령의 어머니들을 취재해온 도리스 페이버(Doris Faber)에 따르면 그녀는 이외에 다른 말은 하지 않았다고 한다. 아들이 짐을 꾸려 사관학교로 떠날 때도 기쁘게 손을 흔들어주었다. 그 뒤 어머니는 꼼짝도 않은 채 온종일 울었다고 털어놨다.

행동으로 보여주는
최선의 가르침

그렇게 어머니의 마음을 아프게 하고 들어간 육군사관학교에서 아이젠하워의 성적은 신통치 않았다. 졸업 성적은 동기 164명 중 61등. 반면 미식축구를 비롯한 운동에서는 두각을 나타냈다. 졸업 후 본격적으로 시작한 군에서의 생활은 소령으로 16년이나 지낼 만큼 그다지 뛰어나지 못했다.

월급이 오르지 않자 한때는 아내가 군인을 그만두는 게 어떻겠냐고 제안하기도 했다. 하지만 아이젠하워는 맡은 일을 열심히 하다 보면 언젠가는 기회가 오리라는 믿음을 가졌다.

그의 능력은 맥아더 장군의 참모가 되면서 차츰 빛을 발하기 시작했다. 1941년, 미국이 제2차 세계대전에 참전하면서 아이젠하워는 마셜 장군의 눈에 들어 초고속 승진을 하게 된다. 승승장구하던 그는 마침내 유럽연합군 최고사령관 자리에 올라 역사상 가장 큰 군대를 이끌게 된다.

도리스 페이버는 아이젠하워의 어머니에 대해 다음과 같이 평가한다. "아이들이 장차 미래의 자기 계획을 세우고 실천해나가는 일에 있어서 어떤 영향도 간섭도 하지 않으려고 노력한 것이야말로 아이들에게 줄 수 있는 최대의 선물이었다."

아이젠하워를 키운 가장 큰 힘은 자율성이다. 세상 모든 부모는 자녀가 스스로 선택하고 행동하는 성인으로 자라기를 바란다. 그러나 실천은 말처럼 쉽지 않다. 경험이 턱 없이 부족한 자식의 선택은 곧잘 부모의 마음과 반대로 움직인다. 아이젠하워의 어머니도 그 마음과 다르지 않았을 것이다. 어쩌면 그 이상이었을지도 모른다. 타고난 평화주의자이자 아픈 가족사가 있는 어머니가 아들을 전쟁터로 보내는 심정을 보통사람들이 어찌 이해할 수 있겠는가.

그럼에도 불구하고 아이젠하워의 어머니는 자신의 철학을 지켜냈다. 인생은 끊임없이 변화하며 예측할 수 없는 날들의 연속이다. '스스로 결정'할 수 있어야만 어떤 어려움에 부딪혀도 최선을 다할 수 있다는 단순한 진리를 아이젠하워의 어머니는 행동으로 직접 보여주었다. 부모로서 이 이상의 더 큰 가르침이 있을까?[9]

아이의 선택을
지켜볼 수 있는 용기

부모들에게 온라인 게임 마인크래프트는 낯설지 몰라도 '양띵(본명 양지영)'이라는 이름은 낯설지 않을 것이다. 이 이름 앞에는 언제나 1세대 크리에이터(유튜브 DJ)라는 꼬리표가 붙는다. 물론 초등학생들에게는 설명할 필요도 없다. 양띵은 게임 중계방송 분야에서는 초통령(초등학생의 대통령)으로 불리기도 하는, 어린이들의 영웅이다.

방송 경력 10년에 고정 시청자만 수백만 명. 양띵의 연 소득은 수억 원을 기록했다. 요즘 아이들의 장래희망 순위 상위에 콘텐츠 크리에이터가 포함된 데는 양띵의 기여도를 빼놓을 수 없다.

아이의 선택을
함께 즐긴 어머니

〰〰〰〰

양땡은 어릴 때부터 워낙 게임을 좋아했다. 친구의 영향이 컸다. 어머니는 공부에 방해된다는 이유로 게임을 못하게 하는 친구들의 부모와는 사뭇 달랐다. 너무 많이 하지는 말라며 주의만 주었다.

양땡은 호기심도 많아서 하고 싶은 일은 하고야 마는 성격이었다. 초등학교 때부터 전단지 배포, 피자집 계산원 등 다양한 아르바이트를 하며 용돈을 벌었다. 공부를 잘했지만 고등학교 졸업 후 바로 회사에 취업했다. 하지만 직장에 다닌 지 2년 만에 자신이 뜻하던 분야와 다르다는 판단을 내리고 평소 즐겨보던 온라인 TV에 본격적으로 뛰어들었다.

양땡은 경험주의자다. 모든 경험은 서로 연결된다고 믿는다. 직장도 게임과는 무관한 분야였지만, 외부 미팅을 통해 배운 사람관계, 조직을 운영하는 방식 등은 방송을 하는 데 큰 도움이 됐다.

그는 "어머니가 학생이 무슨 돈벌이냐며 말렸다면 남보다 앞서 세상을 읽을 수 없었을 것"이라고 말한다. 어머니는 하고 싶은 것을 마음대로 할 수 있도록 지지해주었다. 물론 모든 결정에 흔쾌히 허락한 것은 아니다. 직장을 그만둘 때는 말도 안 된다고 말렸다. 하지만 결국 어머니는 "해보고 싶으면 해봐라. 나이 먹으면 못할 텐데" 하고 적극적인 지원자로 돌아섰다. 돌이켜 보면 양띵 인생에 도박과도 같은 순간이었다.

양띵의 어머니는 딸의 일을 지지할 뿐만 아니라 관심도 컸다. 게임을 하면 옆에서 같이 했고, 딸이 게임 크리에이터가 되자 어머니도 애완견 크리에이터로 데뷔했다. 그녀는 오늘이 있기까지의 모든 공을 어머니에게 돌린다. 그 이유를 어머니가 딸에게 하지 않은 두 가지 말에서 찾는다. 그것은 바로 '안 돼'와 '공부해'이다. 자녀를 신뢰하는 것뿐만 아니라 자녀가 좋아하는 일에 관심을 갖고 기다려주는 것. 이것이 게임 대통령을 만든 어머니의 교육법이다.[10]

무언의
가르침

스티브 잡스와 함께 애플 컴퓨터를 창립한 스티브 워즈니악(Steve Wozniak)은 아버지로부터 받은 영향에 대해 "아무리 감사의 마음을 가져도 부족할 따름"이라고 말한다. 늘 밝은 표정으로 특별한 요리를 만들어주던 어머니에게도 감사하지만, 워즈니악의 인생에 큰 영향을 끼친 사람은 아버지였다.

록히드사의 미사일 엔지니어였던 아버지는 아들의 교육에 관심이 많았다. 스티브 워즈니악이 유치원에 다닐 나이에도 전자 부품을 이것저것 보여주고는 그것들을 가지고 놀게 하며 이치까지 설명해줄 정도였다.

또한 아들이 관심을 갖는 실험에 대해서는 두 팔을 걷어붙이고 도와주었다. 어린 아들은 나중에 커서 엔지니어가 되고 싶다는 생각은 하지 않았다. 하지만 아버지가 하는 일이 아주 중요하며, 세상에서 가장 똑똑한 사람일 것이라는 믿음만큼은 확고했다. 그런 아버지의 영향 때문이었는지 워즈니악은 6학년이 되면서 수학과 과학에서 발군의 실력을 보였다. 지능 검사 결과 200점이 넘었고, 과학상은 죄다 휩쓸어 학교에서 유명 인사가 됐다.

그의 아버지는 아들에게 이러저러한 사람이 되어야 한다고 이야기하지 않았다. 그로 인해 그는 순수하게 '재미'에 집중할 수 있었고, 아버지와 같은 엔지니어가 되겠다는 꿈에만 관심을 둘 수 있었다. 부모가 된 그는 자신 또한 아버지처럼 아이들에게 해주고자 노력했다. 제1원칙은 자율성이었다. "나는 아버지를 본받고 싶었습니다. 그래서 아이들에게 한 번도 내가 생각하는 삶의 가치를 주입시키려고 한 적이 없습니다."[11]

알프레드 아들러는 어려서부터 병약하고 섬세했다. 키도 작은데다 구루병을 앓아 등도 굽었다. 이런 신체 조건은 열등감으로 작용했다. 그의 어머니는 아들이 안쓰러워 모든 응석을 받아주었지만 아버지는 달랐다. 아버지는 무엇보다 자립심을 중요하게 생각했으며, 아버지의 이런 태도는 평생 아들러에게 영향을 미쳤다.

심리학자 에드워드 호프만(Edward Hoffman)은 아들러 심리학의 주요 키워드가 유년기에 시작되었다고 말한다. 열등감을 극복하기 위해서는 자기결정과 용기가 필요한데, 이 과정에서 가장 기여도가 큰 사람이 아버지였다. 중학생 때 수학 과목에서 낙제 점수를 받고 선생님으로부터 학교를 그만두는 것이 좋겠다는 충고를 들었을 때도 이를 반대한 사람은 아버지였다.[12]

알프레드 아들러의 아버지는 언제나 눈에 보이는 게 전부가 아니라며 아들에게 용기를 주었다. 눈앞의 곤경에 사로잡히지 말고 자신의 삶을 펼쳐나가야 한다는 아버지의 말씀은 알프레드 아들러의 인생철학이 됐다.[13]

보이지 않는 선생님

세상에 남다른 업적을 남긴 이들의 뒤에는 자녀의 선택을 지지해준 부모들이 있다. 그들은 보이지 않는 선생님이다. 그들은 한결같이 진로와 관련해 자신의 의견을 이야기할지언정 무엇을 하라거나 혹은 무엇을 하지 말라는 말은 하지 않는다. 어쩌면 일상에 파묻힐 뻔한 이야기들을 오랜 시간이 지나고서야 꺼낼 수 있는 것은 그것이 부모로서 결코 쉬운 결정이 아니라는 것을 알게 되었기 때문이리라.

광고기획자 박웅현의 어머니는 여든이 넘은 나이에도 책과 신문을 손에서 놓지 않는다. 사람은 죽을 때까지 배워야 한다는 어머니의 삶의 철학은 박웅현의 진로에 가장 큰 영향을 미쳤다.

> 대학 진학을 앞두고 고민하고 있을 때 어머니가 넌지시 "육군사관학교는 어떠니?" 하고 물어보셨어요. 좋은 학교였지만 소심했던 성격에 "어휴, 나는 싫어요"라고 말했더니 그다음부터 얘기가 없었어요. 지금 생각해보면, 내 자식이 잘 되는 걸 원해서 '앉아봐. 너 왜 육사 안 간다고 그러는 거야? 이게 뭐가 좋아'라고 설득할 수도 있었단 말이죠. 어머니는 그 과정이 없었어요.[14]

박웅현의 어머니는 그때를 이렇게 회고한다. "본인이 가기 싫은 길을 가면 성공할 수가 없죠." 짧은 소회지만 더 이상의 부연 설명이 필요할까.

세계적인 미래학자로 손꼽히는 다니엘 핑크는 "호기심과 자기주도야 말로 인간의 본성"이라고 단정한다. 어쩌면 그들의 부모가 한 일이라고는 인간의 본성을 꺾지 않는 게 전부였을지도 모른다.

언제나 한발 뒤에 있던 마크 저커버그의 아버지

페이스북의 창업자 마크 저커버그에 대한 수식어는 화려하기 이를 데 없다. 정보화 시대에 가장 영향력 있는 인물 1위. 20대 초반의 나이에 10억 달러라는 거액의 인수 제안을 받고도 뿌리친 괴짜. 역사상 가장 빠르게 실리콘밸리의 신화를 써내려간 작은 거인. 심지어 21세기를 대표하는 혁신가 스티브 잡스는 생전에 그를 존경한다고까지 말했다. 마크 저커버그는 언제부터 IT에 재능을 보였을까.

마크 저커버그는 1984년, 미국 뉴욕 주의 유복한 가정에서 태어났다. 아버지는 치과 의사였고, 어머니는 정신과 의사였다. 세 명의 누이가 있었고, 아버지의 병원이 집 안에 있어서 가족들과 많은 시간을 보낼 수 있는 환경이었다. 아버지는 새로운 물건에 대한 호기심이 강했다. 저커버그가 태어나던 1984년에 IBM 퍼스널컴퓨터 'XT'를 병원에 처음 도입할 만큼 기계와 컴퓨터에 있어서는 마니아에 가까웠다.

마크 저커버그
아버지의 교육 원칙

저커버그는 그런 아버지의 영향으로 학창 시절 컴퓨터와 친해질 수 있었다. 그렇다고 우리가 생각하는 조기 교육 같은 것은 아니었다. 컴퓨터를 접한 때가 중학교 1학년이었다. 트위터의 창업자인 잭 도시가 8세 때 매킨토시를 경험한 것에 비하면 오히려 늦은 편이다.

저커버그는 컴퓨터를 접하자마자 몰입했다. 물론 게임도 좋아했다. 아들의 관심이 남다르다는 것을 간파한 아버지는 '아타리 800'이라는 베이직 프로그래밍 언어를 직접 가르쳤다.

그렇게 쌓은 실력으로 저커버그는 아버지를 위한 선물을 만들었다. 일명 '저크넷(Zucknet)'이라고 부르는 사무용 메신저였다. 2층으로 된 집의 1층에 진료실이 있었는데, 환자가 찾아올 때마다 접수담당 직원이 크게 소리치는 데서 착안한 아이디어였다. 메신저는 집 안의 컴퓨터 네트워크를 이용해 서로 메시지를 주고받을 수 있도록 한 소프트웨어였다. 어쩌면 페이스북의 씨앗이 이때 심어졌을지도 모른다.

메신저는 아버지와 자녀들도 연결시켰다. 누이들 사이에서도 흥미로운 놀잇감이었다. 얼굴을 볼 수 있는데도 굳이 각자의 방에 들어가 이 메신저를 통해 수시로 이야기를 나눌 정도였다.

저커버그가 점점 더 관심을 보이고 재능에 두각을 나타내자 아버지는 소프트웨어 개발자를 불러 과외를 받도록 해주었다. 그 결과 고등학교 때 이미 마이크로소프트로부터 특채 영입 제안을 받을 만큼 실력은 일취월장했다.

자녀 교육에 관심이 많았던 아버지는 한 가지 원칙을 꼭 지켰다. 언제나 아들의 '뒤'에 있겠다는 생각이었다. 앞서 끌고 가지 않겠다는 다짐이었다. 아들이 2004년에 하버드대학을 그만두고 사업을 해보겠다고 하자, 아버지는 "그거 정말 재미있겠다. 네 생각대로 멋지게 한번 해보렴" 하고 말했다. 이때 아버지의 속마음은 어땠을까. 자식이 어렵게 들어간 미국 최고의 대학을 그만두겠다니, 부모로서 쉬운 동의는 아니었을 것이다.[15]

2017년 마크 저커버그가 페이스북을 통해 공개한 10대 시절의 영상을 보면 아버지 마음이 고스란히 드러난다. 아들이 하버드대학 합격 통보 이메일을 확인하는 순간을 촬영한 홈비디오 영상인데,

아들보다 아버지가 더 크게 환호하며 기뻐하는 모습이 담겨 있다. 그런 아들이 학업을 중단하고 가시밭길을 간다는데 어느 부모인들 마음이 편하겠는가. 그렇지만 아버지는 아들의 의견을 존중했기에 누구보다 힘껏 격려해주었다.

마크 저커버그의 아버지는 언젠가 뉴욕 주에 있는 라디오 방송 국과의 인터뷰에서 자신의 양육관을 밝힌 적이 있다. "아이의 삶을 특정 방향으로 이끌기보다는 강점과 좋아하는 것을 먼저 파악해 도움을 주는 게 부모로서 최선이라고 생각합니다."

부모의 선택에는
용기가 필요하다

한국인 최초로 맨부커상을 수상한 작가 한강의 아버지는 언론과의 인터뷰에서 자식에 대한 미안함을 털어놓은 적이 있다. 한강의 아버지 한승원 역시 『아제아제 바라아제』를 쓴 유명 소설가다. 그러나 딸이 소설가가 되겠다며 국문과를 지원하려 할 때 영문과를 권했었다. 문인으로서의 길이 경제적으로 비전이 없다고 판단했기 때문이다. 실제 그의 또래 소설가들 중에는 아들, 딸들이 문학의 길을 가지 못하도록 교통정리를 한 경우가 많다.

하지만 딸 한강은 자신의 주장을 굽히지 않았다. 그때 어머니는 "가난하게 살더라도 이름 하나 남기고 죽으면 됐지"라며 딸의 편을 들어주었다. 그래서 아버지는 "오늘날 딸의 영광은 아내 덕택"이라고 말한다.[16]

세상 모든 부모의 마음은 크게 다르지 않을 것이다. 맨체스터 유나이티드의 '산소 탱크'로 불리던 박지성의 부모가 아들의 축구를 반대했던 사실을 아는 사람은 많지 않다. 박지성이 어릴 때부터 공을 가지고 놀기를 좋아한다는 것은 알고 있었지만 직업으로까지 연결되기는 원치 않았다.

내성적인데다 키도 작았던 박지성은 그나마 다른 아이들보다 잘할 수 있는 게 축구라고 생각했다. "저 축구 선수 되고 싶어요." 초등학교 3학년이 끝나갈 무렵 지성이 저녁상 앞에서 뜬금없이 한 말이었다. 부모님은 당황스런 반응을 보였다.

나중에 안 사실이지만 박지성의 부모님은 내심 아들이 공무원이 되기를 원했다고 한다. 가진 것 없는 집안에서 공무원이 되면 평생 큰 걱정 없이 가정을 꾸리고 살 수 있으리라 기대했기 때문이다.

하지만 반대는 그리 오래가지 않았다. "네가 그토록 축구를 하고 싶어 한다면 더 이상 말리지 않겠다. 다만 한번 시작하겠다고 마음먹은 이상 네 입으로 그만두겠다는 말은 하지 않아야 한다. 약속할 수 있겠니?" 어린 나이였지만 박지성은 아버지의 말이 무슨 뜻인지 알 것 같았다. 그 후로 그는 어떤 어려움이 있어도 누구에게도 축구를 그만두고 싶다고 말한 적이 없다.[17]

내려놓을 수 있는 용기

〰〰〰〰〰

마크 저커버그와 한강 그리고 박지성, 이들의 공통점은 무엇일까? 첫째는 남들이 선뜻 선택하지 않은 길을 두려워하지 않고 걸어갔다는 점이다. 그 배경은 '자기가 결정한 것'이 어떤 동기보다 더 강력하다는 자기결정성 이론이 설명해준다.

모든 창조는 자유에서 출발한다. 자신이 선택하고 성공적으로 자신을 통제하는 경험에서 자신감은 물론 좌절에 대한 인내력도 함께 커나간다.

둘째는 그들 부모들이 가진 양육에 대한 관점이다. 좋은 부모란 무엇인가? 우리 주위에는 자녀를 위해 모든 일을 해야만 한다고 믿는 완벽한 부모상을 가진 사람들이 적잖다. 하지만 자녀 스스로 결정도 하지 않고 경험도 하지 않으면서 자기 것으로 학습이 가능할까.

그런 점에서 이들의 부모는 자녀가 살아가면서 부딪칠 문제를 주도적으로 해결할 수 있도록 아이들의 선택을 존중했다. 이는 자녀의 선택이 옳다는 전제가 아니다. 오히려 이런 과정을 통해 좋아하는 일을 찾아갈 수 있을 것이라는 믿음에 가깝다.

　이런 믿음을 실행하는 과정에서 편하게 마음을 내려놓을 수 있는 부모가 얼마나 될까. 스스로 선택을 하는 자녀 못지않게 부모에게도 용기와 인내가 필요한 일이다.

욕구를 따르면
새로운 길이 열린다

인류에 큰 영향을 끼친 세 개의 사과가 있다. 이브의 사과, 뉴턴의 사과 그리고 세잔의 사과. 폴 세잔의 실험적인 정물화는 20세기 근대 회화를 여는 기초가 됐다. 최고 경매가를 기록한 〈카드 놀이하는 사람들〉과 〈목욕하는 여인들〉, 〈붉은 조끼를 입은 소년〉 등이 널리 알려진 그림이다. 그중에서 가장 인상적인 작품을 묻는다면 나는 1866년에 그린 아버지의 초상을 꼽는다. 중년 남자가 의자에 앉아 신문을 읽고 있는 모습인데, 그는 바로 세잔의 아버지 루이 오귀스트 세잔이다. 의자 뒤 벽면에 걸린 그림은 아들 세잔의 정물화다. 이 그림이 의미하는 것은 무엇일까?

폴 세잔, 〈"에벤망"을 읽고 있는 화가의 아버지 루이 오귀스트 세잔의 초상〉, 1866년 작.

자식에게 등 돌린
세잔의 아버지

폴 세잔은 그림과 문학에 관심이 많고 재능도 있었다. 아버지는 은행가로서 큰 부를 얻었다. 하지만 이민자의 후예라는 이유로 사회에서 푸대접을 받은 그는 아들이 법대에 진학해 판사나 변호사가 되어 이민자로서의 서러움을 씻어주기를 바랐다. 그것이 19세기에 가장 빠른 신분 상승의 길이라고 생각했다.

아버지에게 반항한다는 것은 상상조차 못했던 세잔은 아버지의 뜻에 따라 법대에 입학했다. 그러나 애초부터 법을 공부할 생각은 없었다. 재학 중에 개방형 미술학교에 등록해 두 가지 공부를 병행하다가 결국 법대를 중퇴했다.

그러다 23세 되던 해에 일이 터졌다. 세잔은 아버지에게 당돌하게 대들었다. 충돌은 수차례 이어졌다. 그가 1859년 미술대회 구상화 부문에서 2등을 차지한 뒤에야 아버지는 마지못해 허락했다. 〈"에벤망"을 읽고 있는 화가의 아버지 루이 오귀스트 세잔의 초상〉은 드러나는 그대로 자식의 그림을 등지고 앉은 아버지의 모습이다. 화가로서의 자식의 삶을 마뜩찮게 보는 아버지의 심정이 담겨 있다.

그럼에도 불구하고 폴 세잔은 후기인상파의 거장의 자리에 올랐다. 그의 작품은 입체파를 비롯한 많은 화가들에게 막대한 영향을 끼치며 현대 미술의 지평을 열었다. 피카소는 세잔을 가리켜 "나의 유일한 스승이자 아버지와 같은 존재"라고 극찬했다.[18]

자신의 소망을 강요한 괴테의 아버지

독일 문학의 거장 괴테도 폴 세잔의 삶과 닮은 구석이 있다. 그의 아버지는 결혼하자마자 아내에게도 글을 쓰고 피아노를 치도록 격려를 아끼지 않을 정도로 가르치기를 좋아하는 성격이었다.

아버지의 교육열 덕분에 아들은 어려서부터 그리스어, 라틴어, 히브리어, 불어, 영어, 이탈리아어 등 여러 나라의 언어를 습득했고, 다양한 고전 문학을 섭렵했다. 그 결과 아이의 재능은 일찍 두각을 나타냈다. 8세에 할머니에게 신년시를 써서 선물하는가 하면, 13세에는 시집을 낼 정도였다.

아버지는 아들의 문학적 재능을 높이 평가했지만 정작 자신의 열망은 다른 곳에 있었다. 폴 세잔의 아버지처럼 아들을 법률가로 키워 귀족사회에 편입시키고 싶어 했다. 콤플렉스에서 빚어진 바람이었다.

아버지 요한 카스파르 괴테(Johann Kaspar Goethe)는 많은 재산을 물려받고 좋은 대학까지 나왔지만 그토록 갈망하던 공직에 진입하는 데는 실패했다. 살고 있던 시의 고문관이라는 명함이 있었지만 명예직에 불과했고, 그마저도 돈으로 매수한 것이었다.[19]

괴테의 어머니는 무뚝뚝하고 완고한 성격의 아버지와 달리 따뜻하고 명랑했다. 아들과 아버지 간에 심각한 갈등을 피할 수 있었던 것은 어머니의 중재 능력 덕분이었다. 어머니의 따뜻함은 괴테의 작품 세계에도 적지 않은 영향을 끼쳤다.

당시 괴테가 자신의 뜻대로 전공을 선택했다면 그것은 아마도 고고학이었을 것이다. 하지만 아들은 아버지에게 순종했고 아버지의 모교인 라이프치히대학에서 법학을 공부했다. 예상했던 대로 법학은 괴테의 마음에 전혀 물결을 일으키지 않았다. 대신 그는 의학, 역사, 철학, 미술, 자연과학 등 다양한 수업을 들었다. 물론 좋아하는 글쓰기도 멈추지 않았다.

대학을 졸업하고 고향으로 돌아온 괴테는 변호사로 개업했지만 시간이 지날수록 관심은 더욱 문학으로 기울었다. 결국 그는 24세에 대작 『파우스트』 집필을 시작한다. 이듬해인 25세에는 『젊은 베르테르의 슬픔』을 크게 히트시키며 본격적인 작가의 길을 걷게 된다. 잠시 공무원으로 일하기도 했지만 괴테의 삶은 거의 글로 채워졌다. 1만 5000통의 편지와 25년간의 일기는 그의 글쓰기의 일부에 지나지 않는다.

당시 괴테의 작품은 이미 독일 문학을 넘어서고 있었다. 영국의 문호 바이런은 그를 가리켜 "자기 나라 문학을 창조했을 뿐만 아니라 유럽 문학을 환히 밝힌 최초의 작가"라고 평했다.[20] 괴테가 끼친 영향력은 소설, 시, 극, 논문, 여행기, 편지에 이르기까지 유럽 전역에 드리워졌다.

인류의 역사를 바꿀 뻔한 다윈의 아버지

생물학자 찰스 다윈(Charles Robert Darwin)은 어릴 때부터 자연에서 뛰놀기를 무엇보다 좋아했다. 나무에 기어오르거나 곤충을 관찰하고 새를 사냥하는 일이 주된 놀이였고, 바닷가에서 신기한 돌을 주워오거나 물고기를 잡는 일도 빼놓을 수 없는 즐거움이었다.

어쩌면 찰스 다윈의 이런 관심은 할아버지의 영향 때문인지도 모른다. 할아버지는 의사였는데 『동물 생리학』이라는 책을 썼을 정도로 자연에 관심이 많았다.

그러나 이름난 의사였던 아버지는 그런 아들의 모습이 영 마뜩치 않았다. 아버지는 다윈이 9세가 됐을 때 기숙학교에 보낼 정도로 교육열이 높았다. 착한 아들은 기대에 부응해 열심히 공부했고, 에든 버러 의대에 입학했다. 그러나 의대 수업은 지루하기 그지없었고, 수술실의 풍경은 끔찍하기만 했다. 당시는 마취제가 없던 시절이라 환자들이 정신이 말짱한 상태에서 수술을 받았다.

아들은 아버지에게 의사가 되고 싶지 않다고 말하고 싶었지만 용기를 내지 못했다. 다윈이 2학년이 되면서 아들의 의중을 눈치 챈 아버지는 목사를 권유했다. 당시 목사는 사회적으로 꽤나 인정받는 직업이었다. 아들은 아버지의 권유를 받아들여 케임브리지 신학대학에 입학했다.

하지만 그곳에서의 생활도 기대와 달리 금세 따분해졌다. 한 가지 소득이 있다면 인생에 큰 영향을 끼치게 될 식물학자 헨슬로 교수를 만난 것이다.

찰스 다윈은 헨슬로 교수의 총애를 받는 제자가 됐다. 대학 졸업 무렵 헨슬로 교수는 그에게 남아메리카 항해에 동승할 기회를 제안한다. 이 제안은 그의 인생을 송두리째 바꾸어놓는다. 그러나 아버지가 보기에는 그저 2년짜리 장기 여행에 지나지 않았다. 그런 여행을 허락해줄 아버지가 아니었다. 그는 아버지의 훈계에 따라 교수에게 비글호에 승선하지 못하겠다는 편지를 보냈다.

만약 그때 정말로 찰스 다윈이 그 배를 타지 않았다면 어떻게 되었을까? 인류에 남긴 위대한 업적은 존재하지 않았을 것이다. 결국 외삼촌의 도움으로 아버지를 설득하고, 비글호 프로젝트에 합류한다. 그 기간 수집한 표본들은 그 유명한 『종의 기원』의 핵심 자료가 된다.

역사적 인물들을 살펴보면 찰스 다윈과 괴테처럼 아버지의 뜻에 맞서 자신만의 길을 찾아 나선 사례들이 수없이 많다. 물론 의사결정권을 쥔 사람이 어머니인 경우도 종종 있다. 이런 인물들의 이야기는 역사의 흥미로운 변곡점이다. 그 길이 곧 인류의 진보였기 때문이다.

아이 뜻대로 VS 부모 뜻대로

애니메이션 영화의 거장 미야자키 하야오는 어렸을 때부터 그림 그리기를 무척 좋아했다. 자연스럽게 대학에서도 미술을 전공하고자 했다. 아버지도 매주 극장을 찾을 정도로 영화를 좋아했다. 하지만 아들의 진로에 대해서만큼은 달랐다. 아버지는 아들이 경제학을 전공해 좋은 직장에 들어가기를 바랐다.

아들은 아버지의 바람대로 경제학과에 진학했지만 그림 그리기를 포기하지 않았다. 그러던 중 우연히 동아리의 인형극 시나리오를 쓰게 되고, 운명인 양 이 작품이 큰 호응을 얻게 된다. 자신감을 얻은 미야자키 하야오는 신인 만화작가에 지원해 당선된다. 진로는 그때 결정됐다.

케인스의 스승으로도 유명한 경제학자 알프레드 마샬(Alfred Marshall)의 아버지는 아들을 혹독하게 공부시켰다. 아버지는 아들이 목사가 되기를 원했다. 하지만 마샬은 이를 뿌리치고 수학을 택했다. 만약 그가 아버지의 뜻을 따랐다면 20세기의 경제학자 알프레드 마샬은 아마 존재하지 않았을 것이며, 그의 수제자 케인스의 운명도 사뭇 달라졌을 것이다.

지금까지 소개된 부모들의 이야기를 통해 저마다 몇 가지 생각이 들 것이다. 먼저 그들을 비난의 대상으로 삼을 수 없다는 것은 부모라면 충분히 공감할 만하다.

부모의 마음은 종종 앞서가는 경우가 있다. 특히 앞길이 보장된 탄탄한 길을 두고 다른 길을 간다는 것은 곧 많은 기회비용을 의미한다. 험난한 길을 선택한 자녀의 발걸음에 선뜻 박수를 쳐주기란 어려운 일이다.

부모의 뜻을 거역하고 자신의 길을 찾는 경우가 성인기에 더 많이 나타나는 것은 무엇을 의미할까? 사실상 청소년기까지는 부모에 맞서는 일이 현실적으로 어렵다. 폴 세잔이라는 화가의 뒤에는 늘 은행가인 아버지의 경제력이 있었다는 사실을 부인할 수 없다.

나이가 어릴수록 당기는 힘이 강하면 쉽게 이끌리기 마련이다.

진로에 대한 괴테의 생각을 들어보자. "인생은 다음 두 가지로 성립된다. 하고 싶지만 할 수 없다. 할 수 있지만 하고 싶지 않다." 그의 경험에 비추어보면 부모의 기대 때문에 할 수 없었던 것은 문학가의 삶이요, 할 수 있지만 하고 싶지 않았던 것은 부모가 원한 법률가로서의 길이었을 것이다.[21]

2017년, 구인구직 사이트 잡코리아에서 '아이의 미래와 관련해 희망하는 직업이 있는가?'라는 설문조사를 했다. 조사 결과 그렇다는 의견이 46%, 자녀가 원하는 직업이면 상관없다는 의견이 54%로 팽팽하게 맞섰다.

자녀의 선택을 존중하는 부모가 점차 늘고 있지만 여전히 쉽지 않은 과제인 것만은 분명하다. 어려운 문제일수록 본질을 들여다보아야 해결책을 찾을 수 있다. 비교적 덜 중요한 것들을 하나씩 제거해나가다 보면 마지막으로 남는 버릴 수 없는 한 가지가 가장 중요한 본질이다.

부모나 자식이나 앞길을 예측할 수 없기는 매한가지다. 부모의 선택이 반드시 실패를 줄여주지도 않는다. 그렇다면 답은 구한 셈이다. 다른 사람의 기대는 결국 다른 사람의 꽃밭만 화려하게 만들 뿐이다. 인생의 주인으로서 자신의 욕구에 따르는 삶이 인생을 덜 후회하게 만든다.

부모의 치명적인 말실수
"네가 뭘 알아?"

～～～～

"네가 뭘 알아?" 이런 말을 듣고도 기분이 좋을 사람은 없다. 하물며 세상에서 가장 사랑하는 사람의 입에서 그런 말이 나온다면 그 상황이 쉽게 받아들여질까. 부모 앞에서 자신의 입장과 생각을 말하고 있는 아이에게, 어른이 보기에 부족하다고 해서 그것을 잘못된 것, 나쁜 것, 틀린 것으로 몰아세우는 언행은 옳지 않다.

아이는 자신이 배운 만큼, 경험한 만큼의 생각과 판단력을 갖기 마련이다. "너는 아직 모른다"는 말은 "엄마 아빠인 우리가 더 잘 안다"는 메시지를 담고 있다. 이런 현상은 요즘 양육으로 인해 흔히 발생하는 과보호와 자연스럽게 이어진다. 과보호의 문제는 부모의 완벽주의에서 비롯되는 경우가 많다.

예를 들어 아기들은 스스로 이유식을 떠먹는 연습을 하는 과정에서 음식도 흘리고 만지작거리기도 하면서 발달한다. 그런데 부모가 이를 허용하지 않고 떠먹여 준다거나 흘릴 때마다 바로 닦아내는 데 열중한다면 아이는 스스로 무언가를 해내는 경험과 기쁨을 얻을 수 없다. 더불어 실패를 통한 배움의 과정도 놓친다.

이는 다분히 생활 지도에 국한된 일 같지만 사실은 학습과 인생 전반의 태도에 큰 영향을 끼친다. 아이가 초등학교 저학년 때까지는 이런저런 준비물을 직접 챙겨주는 부모들이 많다. 이유를 물으면 "학교에 지각하지 않게 하려고" 혹은 "수업에 더 열중하게 하려고"라는 식의 대답을 한다.

아이가 어리니까 그럴 수도 있다고 생각할지 모르지만 숙명여대 아동학과 이영애 교수는 이렇게 충고한다. "아이들을 위한다고 하나부터 열까지 해주기 시작하면 아이의 주도성은 이미 물 건너갔다고 생각하면 된다."

무엇이 더 큰 이익인지 생각해보라는 것이다. 이영애 교수는 아이가 너무 큰 실패를 하면 좌절해버릴 수 있으므로 그때만 도와주고 그 외에는 최대한 실패할 기회를 많이 주는 것이 좋다고 조언한다.

우리는 기억하지 못하지만 지금의 우리가 있는 것은 스스로 다양한 시도를 하고 성공한 경험 덕분이다. 수십 번의 실수를 거쳐 어렵게 대소변 가리기에 성공했을 때, 바지 한쪽으로만 들어가던 두 다리를 비로소 오른쪽 왼쪽에 맞춰 넣게 되었을 때, 10리터는 족히 될 물을 마시고서야 비로소 양칫물을 뱉어내는 비법을 터득하게 되었을 때 등의 경험은 한때의 추억으로 그치는 것이 아니라 평생에 걸쳐 영향을 끼친다. 그런 것들이 쌓여 삶이 더 풍요로워지는 것이다.

"한번 안 된다면 그런 줄 알아!" 결정권을 빼앗아버리는 말들도 의도와 달리 오해의 신호를 보낼 수 있다. 부모의 이런 태도는 아이의 사기 저하에만 그치지 않는다. 자칫 자신이 하고 싶은 말과 행동에 대해 부모의 판단 없이는 시도하려는 의욕조차 갖지 않게 된다. 어쩌면 하고 싶은 일이 있어도 부모가 안 된다고 할까 봐 말조차 못 꺼내는, 무조건 부모에게 순응하는 아이가 될 수도 있다.

이런 성향의 아이들이 겉보기에 말을 잘 듣는 것처럼 보일 수 있으나 사춘기가 되었을 때 부모가 감당할 수 없을 정도의 반항기를 맞이할 확률도 높다. 뿐만 아니라 훗날 자신의 아이에게 강압적인 말투를 쓰는 부모와 꼭 닮은 어른이 될 수도 있다. 심지어 부모에게 인생의 책임을 물을지도 모른다. 생각만 해도 서글프지 않은가.

해답은 오직
아이에게 있다

『덴마크 사람들처럼』의 저자 말레네 뤼달(Malene Rydahl)은 덴마크의 평범한 가정에서 나고 자랐다. 18세에 프랑스로 이민을 갔고, 파리 사람들과 어울리며 그곳에서 20년을 살았다. 그러던 어느 날 불현듯 오래전 품었던 궁금증이 떠올랐다. '왜 전 세계의 학자들은 덴마크 국민이 세계에서 가장 행복하다고 말할까?' 실제로 덴마크는 행복과 관련한 거의 모든 조사에서 언제나 손꼽히는 국가다. 모국에 살 때는 풀리지 않던 미스터리였다. 1년 중 반이 비가 내리고 우울증이 많은 나라, 유럽 최고 수준의 알코올 섭취량을 기록하는 나라, 게다가 세금도 무척 많이 내야 하는 이 나라가 왜 가장 행복한 나라일까?

덴마크 아이들이
행복한 이유

〰〰〰〰

말레네 뤼달은 오랫동안 고향
을 떠나 타지에 살면서 비로소 왜 덴마크 사람들이 각자의 삶에 만
족하며 사는지를 알게 됐다. 이는 대표적인 선진국이라고 하는 프
랑스와도 확연히 다른 점이었다. 그녀는 비밀의 키워드를 구체화시
키기 위해 사례 수집에 나섰고, 『덴마크 사람들처럼』이라는 제목의
책을 출간해 프랑스 사람들로부터 큰 사랑을 받았다. 테드(TED) 강
의에 나와서는 자신의 고국을 천국이라고까지 소개했다. 그 만족감
의 비밀은 무엇일까?

덴마크를 설명할 때 빼놓을 수 없는 것 중 하나가 '휘게(hygge)'다.
'느긋하게 함께 어울린다'는 뜻의 이 말은, 여유로운 저녁이 있는
삶을 단적으로 보여준다. 덴마크는 핀란드, 뉴질랜드와 더불어 세
계에서 부패 수준이 낮은 나라다. 이는 곧 이웃과 정부를 믿는다는
뜻이다. 자기 삶에 대한 여유와 함께 사는 사람들에 대한 신뢰도는
덴마크 사람들이 느끼는 만족감의 기본 토양이다.

여유와 신뢰도 외에 덴마크 사회에서 주목해야 할 부분이 또 있
다. 자유에 대한 갈망이 높다는 것이다. 한 연구 재단의 조사에 따
르면 덴마크 젊은이들 가운데 60%는 자신이 살고 싶은 삶을 선택
할 수 있다고 믿는다. 이는 프랑스(26%)와 독일(23%)의 두 배가 넘

는 수치다. 이 차이는 거의 개별적인 수준에 이른 진로 교육과 학교 프로그램 그리고 부모들의 가치관에 기인한 바가 크다.

덴마크의 어린이들은 거의 은행 계좌를 가지고 있으며, 13~17세 사이의 청소년 중 70%가 아르바이트를 한다. 이 수치는 아일랜드, 오스트리아, 핀란드, 독일 학생들이 대학 재학 기간에 아르바이트를 하는 수준과 같다. 청소년들이 아르바이트를 하는 이유는 여가 활동에 필요한 돈을 벌기 위해서인데, 그 이유가 허락을 받을 필요가 없을 때 더 큰 자유를 느끼기 때문이라고 말한다.

유럽연합의 공식 통계 기구인 유로스타트가 조사한 결과에 따르면, 덴마크는 18~24세 사이에 부모를 떠나 독립하는 젊은이들의 수가 세계에서 가장 많다. 이 나이에 부모와 함께 사는 젊은이는 단지 34%다. 프랑스는 62%, 영국은 70%, 스페인과 이탈리아는 각각 80%가 넘는다. 부모 곁을 떠난다는 것은 자기 방식대로 살겠다는 의지의 표현이다. 물론 아무도 그렇게 하라고 강요하지는 않는다.

세계적으로 유명한 동화 『인어공주』는 한 여인과의 이룰 수 없는 사랑에 평생 괴로워한 작가 안데르센의 애틋한 마음이 녹아 있는 작품이다. 인어공주는 자신이 원하는 행복을 찾고자 한 번도 가보지 않은 땅을 밟기 위해 아버지의 권위에 맞선다.

인어공주가 여전히 많은 사람들에게 감동을 주는 것은 못다 이룬 사랑의 요소도 있지만 자신의 삶을 개척하려는 주인공의 정신이 중요한 배경으로 깔려 있기 때문이다. 안데르센의 대표작『미운 오리새끼』역시 자신의 정체성을 찾기 위해 세상을 탐험하는 이야기다.

이런 이야기들이 덴마크에서 많이 나올 수 있는 것은 덴마크 청소년들이 유독 독립에 대한 욕구가 높으며 부모 역시 자율성을 중시하는 오랜 전통의 힘에 있다. 자신의 뜻을 마음껏 펼칠 수 있는 자유, 이것이 바로 덴마크 사람들이 느끼는 행복의 핵심 비결이다.[22]

성공과 실패는 누가 결정할까

마음 가는 대로 진로를 바꿀 수 있다는 것은 행복의 중요한 기초다. 그러나 모두가 잘 알다시피 선택이 곧 성공을 보장하지는 않는다. 실제 우리 주위에는 법대 교수에서 화가로 전향해 성공한 칸딘스키처럼 되고 싶으나 그렇지 못한 예술가가 많다. 이런 사실 앞에 현실적인 딜레마가 발생한다.

그런 사람들은 훗날 인생을 어떻게 기억할까? 실패한 인생이라고 생각할까? 이와 관련해 농구의 전설에서 신인 야구 선수의 삶을 선택한 마이클 조던(Michael Jordan)의 이야기를 들어보자.

1984년, 나이키는 경쟁사인 리복에 빼앗긴 1위 자리를 탈환하기 위해 농구계의 파워 루키 마이클 조던을 후원하기 시작했다. 이듬해 조던은 신인왕의 자리에 오를 만큼 승승장구했고, 후원 기업인 나이키의 매출 곡선도 꾸준히 상승했다. 그러다 1988년, 그 유명한 'Just Do It'이라는 캠페인성 광고의 슬로건이 등장하면서 이후 나이키는 명실상부한 스포츠업계 1위 브랜드로 우뚝 선다. 그 일등공신이 바로 마이클 조던이다.

마이클 조던은 실생활에서도 광고 카피의 정신을 직접 실천해보였다. 그는 자신의 아버지가 강도에게 피살된 후 야구 선수에 도전한다. 야구는 아버지의 어린 시절 꿈이자, 그의 꿈이기도 했다. 야구를 하고 있으면 어렸을 때 아버지와의 추억이 생각난다는, 그야말로 어린아이 같은 소박한 동기였다.

1993년 10월, 그는 은퇴를 선언하고 마이너리그인 시카고 화이트삭스의 야구 선수로 활동한다. 연봉은 9만 달러에서 1만 달러로 형편없이 하락했지만 당시 마이클 조던의 일거수일투족은 오히려 뉴스를 만들어냈다. 그러나 성적은 신통치 못했고 그는 1년 만에 다시 농구 코트로 돌아왔다.

그렇다면 정말 마이클 조던은 1년이라는 시간을 허비한 것일까. 자신의 지난 행동을 성공으로 보느냐 실패로 보느냐는 관점에 따라 달라진다. 자신의 욕구와 결과를 연동시키는 것은 스티브 잡스가 경계하라고 조언한 '타인의 시각'일 뿐이다. 조던은 오히려 "이 시기를 통해 자신이 누군가의 꿈이 될 수도 있다는 사실을 깨달았다"고 말한다.

그의 인생에서 야구는 분명 행복한 삶의 한 장이었다. 여기에 이론의 여지는 없다. 그 스스로 그렇게 생각하기 때문이다. 그리고 조던은 야구 선수가 되겠다는 꿈도 이루었다. 비록 1년여의 시간일지라도 이것을 성공이 아니라고 말할 수 있을까?

하고 싶은 일을
해야 하는 이유

좋아하는 일을 우선적으로 고려해야 하는 이유를 후회의 관점에서 찾아보면 좀 더 명확해진다. 월스트리트의 잘나가는 펀드매니저였던 제프 베조스가 창업이라는 인생의 기로에 섰을 때다. 그는 조만간 인터넷의 시대가 열릴 것을 예측했지만, 동시에 자신이 가진 것을 모두 내려놓아야 할지도 모른다는 두려움이 선택을 주저하게 했다. 아내는 무조건적인 지지를 보내주었지만 상사를 비롯한 주변인들은 한결 같이 말렸다.

그때 그가 찾아낸 방법이 그의 결정을 쉽게 만들어주었다. 그것은 그가 나중에 '후회 최소화 프레임 워크'라고 이름 붙인 방법이다. 제프 베조스는 80세가 된 자신의 모습을 상상해보았다. 이를 통해 한 가지 진실을 찾았는데, 80세가 되어 자신의 삶을 돌이켜보았을 때 '무언가를 시도했던 순간들'을 후회할 리는 없다는 사실이었다. 반대로 후회할지도 모를 명확한 한 가지에 대해 생각했다. 그것은 곧 '시도조차 안 했을 경우'였다. '아 그때 했었어야 했는데…' 하는 후회가 얼마나 자신을 괴롭히겠는가.

베조스가 상상한 것은 죽음에 가까워졌을 때의 자기 모습이다. 스티브 잡스의 말처럼 죽음은 모든 결정을 선명하게 안내해준다. 말기 환자의 고통을 덜어주는 호스피스 전문의인 오츠 슈이치(大津秀一)는 1000명이 넘는 환자들과 대화를 나누고 그들의 마지막 순간을 기록했다. 그 과정에서 '사람들의 후회에는 공통분모가 있다'는 사실을 깨달았고, 이를 『죽을 때 후회하는 스물다섯 가지』라는 책으로 출간했다. '진짜 하고 싶은 일을 했더라면' 하는 후회는 '사랑하는 사람에게 고맙다는 말을 많이 했더라면'과 더불어 최고로 꼽혔다.

우리는 여기서 에드워드 데시가 말한 인간의 세 가지 욕구, 즉 자율성, 유능성, 관계성을 다시 떠올리게 된다. 자기가 좋아하는 일을 한다는 것은 이런저런 타협 속에 살아가는 현대인들에게는 사치처럼 들릴 수도 있다. 하지만 죽음은 특별한 사람에게만 찾아오는 예외적인 일이 아니다. 지금 내가 좋아하는 일을 하고 있다는 이유만으로도 우리의 삶은 훨씬 더 풍요로워질 수 있다.

변화의 시대,
실행의 힘

캐나다가 배출한 코미디의 제왕 짐 캐리(Jim Carrey)는 어릴 때부터 연기에 소질을 보였다. 어린 짐 캐리는 집에 온 손님들을 배꼽 잡게 만들곤 했는데, 이를 본 아버지는 넝쿨째 들어온 복덩어리라며 자랑이 넘쳤다.

짐 캐리의 이런 재능은 유머 감각이 뛰어난 아버지로부터 받은 영향이다. 짐 캐리는 15세에 토론토 클럽의 무대에 오르며 연기를 시작했고, 그가 17세 되던 1979년, 〈토론토 스타〉라는 신문사는 "천재적인 스타가 나타났다"며 극찬을 아끼지 않았다. 짐 캐리가 아버지로부터 배운 것은 또 하나 있다.

실패한 아버지가
가르쳐준 것

짐 캐리는 아버지에 대해 이렇게 말한다. "아버지는 훌륭한 코미디언이 될 수도 있었지만, 스스로 불가능한 일이라고 생각했다." 그래서 대신 회계사라는 안정적인 직업을 선택했다. 그러나 짐 캐리가 12세 되던 해, 아버지는 직장을 잃었다. 졸지에 가족들은 시집 간 누나네 집 마당에 텐트를 치고 살아야 했고, 학교도 더 이상 다닐 수 없었다. 살아남기 위해 할 수 있는 일은 무엇이든 해야 하는 상황이었다.

짐 캐리가 성인이 되기도 전에 클럽의 무대에 오른 것도 그 절박함 때문이었다. 그는 마음속으로 다짐했다. '하고 싶지 않은 일을 하면서도 실패할 수 있다. 그렇다면 하고 싶은 일에 도전하는 것이 낫다.'

그렇게 코미디언으로서 10년의 경력을 쌓으면서 직업관은 더욱 명료해졌다. 그의 인생의 목적은 '사람들을 걱정으로부터 해방시키는 것'이었다. 1997년 짐 캐리는 영화 〈라이어 라이어〉에 출연하면서 코미디 스타로서의 입지를 다졌다. 이후 〈트루먼 쇼〉와 〈맨 온 더 문〉으로 골든글러브 남우주연상을 수상하며 연기자로서 크게 인정받는다. 이 모든 것들이 자기가 좋아하는 일을 열심히 한 덕에 이루어진 결과다.[23]

빗나간
예측들

PD가 직업인 나는 후배들에게 종종 이런 질문을 받는다. "MBC가 좋아요? KBS가 좋아요?" 방송사 취업 준비생들의 질문이다. "제작 PD와 편성 PD 중 어느 쪽이 나을까요?" 이건 이미 PD로 입사한 후배들의 질문이다. "삼성을 갈까요, 현대를 갈까요?" 이런 질문도 취업 게시판에서는 흔히 볼 수 있다.

수많은 선택지를 두고 먼저 경험한 선배에게 조언을 듣는 것은 상당 부분 도움이 된다. 선배는 질문의 의도를 알고 최대한 선택에 도움이 되는 말을 해줄 수 있다. 하지만 질문에서 드러나듯 선택에는 엄청나게 많은 기준이 있다. 직장으로서의 안정성, 비전, 경험자들이 말하는 만족감 등등 종합적 판단을 기대하는 질문에는 자아가 빠져 있다. 타인의 인생을 마치 나의 인생이라고 가정하고 진심을 다한다는 것은 이미 큰 한계를 전제하기 때문이다.

그것이 특히 '회사의 미래나 직종의 비전'에 대한 것이라면 대단히 위험하다. 단언컨대 그와 관련한 전문가는 없다. 최근의 사례를 들어보자. 해운업은 수출 국가인 한국에서 없어서는 안 될 기간산업이다. 관련 산업 종사자만 30만 명이며, 고용 효과도 엄청나다. 2008년 글로벌 경제위기 이전까지 한국 해운업은 최대 호황기를 누렸다. 그러나 10년 후인 2017년, 국내 최대 해운 회사인 한진해운이 파산했다.

2016년, 인공지능 알파고가 세계 최강의 바둑 기사 이세돌 9단을 꺾은 이후 직업의 미래에 대한 전망이 급증했다. '통역사 인기 하락', '10년 뒤 의약 계열 타격' 등의 기사를 보면 무관한 내가 보아도 "아, 옛날이여"라는 소리가 절로 나온다.

IMF가 할퀴고 간 2000년 전후, 나에게 그 시절은 대학 4학년에서 백수 기간까지의 시기다. 당시는 밀레니엄 시대라고 해서 미래에 대한 예측으로 각종 담론이 넘치던 때였다. 회계사 정원이 1000명이나 늘어나면 결국 세무사 되는 거 아닌가? 로스쿨이 도입되면 변호사도 보험 회사도 대리인이 되는 거 아닌가? 이런 말이 나돌 만큼 전문직의 신화를 무너뜨린 주범은 공급과잉이었다. 누가 더 정교하게 예측했느냐를 따지는 것은 큰 의미가 없다. 어쨌든 불패 신화는 깨졌으니 말이다. 지나고 나면 분명해진다. 미래를 예측한다는 것은 관련 학자들에게 맡기는 것만으로도 충분하다.

미국 경제학의 아버지로 불리는 어빙 피셔(Irving Fisher)는 1929년 "주식시장은 아마 영원히 상승 곡선을 타게 될 것이다"라고 예측했다. 그로부터 몇 달 뒤 세계대공황이 터지며 주식시장은 붕괴했고, 그 역시 평생 모은 재산을 날리고 말았다.

우리에게도 낯설지 않은 경험이 있다. 1996년 10월 경제협력개발기구(OECD)에 가입하면서 선진국 대열에 진입했다고 자화자찬한 지 1년 후, 우리는 외환위기라는 전대미문의 격랑에 휩싸였다. 불과 3개월 전까지만 해도 청와대뿐만 아니라 대부분의 전문가들도 한국 경제가 순탄하게 가고 있다고 믿었다.

1977년, 애플이 개인용 컴퓨터를 출시했을 당시 대표적인 컴퓨터 메이커였던 DEC의 설립자 켄 올슨(Kem Olsem)은 "누구도 집에 컴퓨터를 들여놓기를 원하지 않을 것이다"라며 컴퓨터의 미래를 부정적으로 예견했다. PC 시장을 과소평가한 그 순간부터 두 회사의 운명은 갈렸다.

1962년, 세계적인 음반 회사인 데카(Decca)는 두 젊은 밴드를 상대로 오디션을 본 뒤 한 팀과 계약했는데, 퇴짜를 놓은 나머지 한 팀이 바로 비틀즈였다. 이 선택은 영국 일간지《인디펜던트》가 꼽은 사상 최악의 실수에 올랐다.

세계적인 작가 조앤 롤링(Joan K. Rowling)의 『해리포터』도 그 탄생이 순탄했던 것만은 아니다. 출간 전 '원고가 너무 길다'는 이유로 12개 출판사로부터도 거절당했다. 그때 신인을 발굴하던 저작권 대행업자 크리스토퍼 리틀을 만나지 못했다면 『해리포터』원고는 빛도 못 본 채 쓰레기가 되었을지도 모른다.

가보지 않은 길을 두고 장담할 수 있는 사람은 없다. 전문가들도 확증 편향의 위험성을 가지고 있다. 오늘날은 여기에 급격한 시대

변화라는 변수까지 더해진다. 인생은 불확실하며 그로 인한 위험은 피할 수도 없다. 결국 인생은 스스로의 선택이자 도전이다.

일자리
지각 변동

"4차 산업혁명이 가까운 미래에 도래할 것이고, 이로 인해 일자리 지형 변화라는 사회 구조적 변화가 나타날 것이다." 2016년 1월, 스위스 세계경제포럼(Davos Forum)에서 발표된 '4차 산업혁명'이 여전히 뜨거운 화두다.

이제는 초등학생들도 4차 산업혁명이라는 말을 알고 있을 정도로 하루가 멀다 하고 뉴스가 쏟아진다. 주요 키워드인 클라우드 서비스, 빅데이터, 사물인터넷, 인공지능과 관련된 뉴스에 따라붙는 '상상을 뛰어넘는'이라는 수식어가 식상할 지경이다.

무인 자동차 테슬라의 CEO인 엘론 머스크(Elon Musk)는 2015년 "앞으로 사람이 운전하는 것은 불법이될 것이다"라고 단언했다. 그의 예측은 빠르게 현실이 되어가고 있다.

예를 들어 구글의 무인 자동차는 200만km를 달리며 안전성에 대한 기대감을 높였다. 구글은 향후 10년 안에 무인 자동차가 도로를 점령하면서 도시의 모습을 바꿀 것이라고 선언했다. 이와 관련해 세계적 컨설팅 회사인 맥킨지는 '무인 자동차가 본격적으로 도입되면 미국에서 발생하는 교통사고의 90% 이상이 줄어들 것'이라고 예상한다.

이처럼 하루가 다르게 등장하는 신기술은 저성장 시대의 돌파구로 기대 심리를 높이고 있다. 반면 인간의 일자리가 상당 부분 사라질 것이라는 전망 앞에서는 고민도 깊어진다. 2016년 세계경제포럼(WEF)에서는 "2020년까지 710만 개의 일자리가 사라지고, 210만 개(인공지능, 3D 프린팅, 빅데이터, 산업 로봇)의 새로운 일자리가 만들어질 것"이라고 예측했다.

매년 미래의 키워드를 제시하는 '밀레니엄 프로젝트'(유엔 산하의 연구기관)의 전망에 따르면 "머지않아 3D 프린터 하나면 평생 옷 걱정 없이 살 수 있다"고 한다. 놀랍지 않은가. 머릿속에서 환상적인 그림이 그려진다. 물론 의류 관련 업종에 종사하는 사람들의 머릿속에는 정반대의 그림이 그려질 것이다.

지금은 기술의 속도가 인식의 속도를 추월하는 시대다. 공유 경제로 인해 실리콘밸리의 평균 창업 비용이 2000년 500만 달러에서 2011년에는 5000달러 수준으로 급감했다. 이것은 창조적 기업이 급증하고 있다는 반증이다. 그들은 허황된 상상을 현실화하는 주역들이다.

당신은
안녕하십니까

2017년에 한국고용정보원에서 발간한 보고서에는 산업 자동화에 의해 대체 확률이 높은 직업의 순위가 매겨져 있다. 콘크리트공이 1위, 청원경찰이 4위, 조세행정사무원이 5위, 그밖에 경영지원직(12위), 부동산중개인(14위)도 주요 순위를 차지한다. 열거한 직업들은 "단순 반복적이고 사람들과 소통하는 일이 상대적으로 낮다는 특징"을 보인다.

반면 산업 자동화에 의해 대체 확률이 낮은 직업에는 예술가, 작가, 감독, 디자이너 등 '감성에 기초한 예술 관련 직업'이 높은 순위를 차지한다. 이와 관련해 우리나라 벤처 1세대인 이민화 벤처기업협회 명예회장은 "경험 욕구를 위한 정신 소비 혁명이 병행될 것"이라고 말한다. 놀이와 문화 산업이 성장하고, 관련 인재들을 위한 문도 넓어지리라는 전망이다. 물론 이것도 어디까지나 현재의 예측일 뿐이다.

한국고용정보원의 조사를 좀 더 자세히 보면, 전문직은 안정적일 것이라는 믿음도 이제는 낡은 가정이다. '대체 가능성'의 순위에 낯익은 직업, 즉 손해사정인(40위), 일반의사(55위), 판사(306위) 등이 올라와 있다. 이 분석은 "단순 업무와 더불어 재무관리사, 의사 등 고숙련, 고임금 직업의 상당수도 자동화되어 인간이 하는 업무의 45%가 자동화될 것"이라는 맥킨지의 전망과 궤를 같이한다.

이미 우리나라에도 인공지능이 산업 곳곳에 스며들고 있다. '의료계의 알파고'라 불리는 '왓슨'이 국내에서 진료를 시작했다. 왓슨이 환자의 정보를 분석해 치료 방법을 제시하는데, 미국의 방대한 의료 데이터와 세계적인 저널을 근거로 한다.

또 포스코는 스마트팩토리를 구축해 제철 공장의 많은 설비에 사물인터넷 기술을 활용함으로써 고질적인 설비 문제를 해결하고 있다. 자동으로 공장을 제어하는 이른바 지능형 제철소의 전단계로, 엔지니어의 가담률을 현격히 줄여줄 것으로 기대한다.

그렇다면 인공지능 로봇이 재판을 하는 미래는 과연 현실화 될까. 2016년, 양승태 대법원장은 "인공지능 시대에는 법률가가 먼저 사라질 수도 있다"고 우려했다. 대법원이 마련한 국제법률심포지엄을 보아도 그럴 가능성이 농후하다. 이 자리에는 IT 전문가들도 참여했는데, 몇 가지 우려에도 불구하고 빅데이터를 통해 신속하고 객관적인 판결을 내릴 수 있다는 전망이 우세했다. 이처럼 인공지능은 지식서비스업의 다양한 분야를 점차 대체해나갈 것이다.

현재 나오고 있는 예측은 어디까지나 변화의 방향성에 대한 것이다. 속도에 대한 예측은 상당히 신중하다. '밀레니엄 프로젝트'의 한마디가 이를 대신한다. "10년 전만해도 스마트폰은 세상에 없던 물건이었다." 경험해보지 못한 시대의 변화에 대해 이 이상의 비유가 필요할까.

2007년, 스티브 잡스가 세상에 스마트폰을 내놓은 이후 우리에게 찾아온 일상의 변화는 따라가기만도 숨이 찰 정도다. 4차 산업혁명을 가리켜 세계적인 전문가들조차 '예측 불가능한 미래'라고 말한다.

변화의 속도가 지나치게 빨라서 우울한 전망이 많기는 하지만 희망의 단서가 아예 안 보이는 것은 아니다. 로봇의 길이 있다면, 인간의 길도 있다. 로봇이 명확한 수행 능력이 강점이라면, 인간에게는 상황에 대한 유연함과 질문하는 능력이 있다. 과연 이것마저 대체될 수 있을까.

여전히 열린 질문이지만 인간은 더 큰 질문을 던질 것이다. 인간이 그동안 결핍과 스트레스를 극복하고 역사를 발전시켜온 것처럼 말이다. 우리의 미래도 그 질문 어딘가에 있을 것이다.

인공지능 시대를 살아갈 아이들에게

～～～～～～　　　　　　산업의 변화는 필연적으로 직무 능력의 변화를 초래한다. 로봇이 대체할 수 있는 단순한 일은 도태되고, 인간의 일은 점차 복잡해져 고도의 판단을 요구한다. 흥미

와 자발성이 무시된 근면함만으로는 어려운 일을 해낼 수 없다.

세계적인 미래학자 다니엘 핑크는 업무의 성격을 크게 두 가지로 분류한다. 연산적 유형과 발견적 유형이다. 연산적 유형은 컴퓨터의 연산 프로세스를 따른다. 결론에 도달하기 위한 방법이 어느 정도 고정되어 있고, 하청을 주기 쉬우며, 자동화의 위험성이 상존한다. 반면 발견적 유형은 매뉴얼이 없다. 여러 가능성을 실험해보고 실패를 수정하며 새로운 해결책을 만들어내야 한다. 성장하는 일자리는 대부분 발견적 업무라서 컴퓨터와 기계가 대체하기 힘들다. 회사에서 점차 자기주도적 동기를 갖춘 직원을 발굴하는 데 애쓰는 이유도 그래서다. 이런 직원들에게는 관리 감독도 필요하지 않다.[24]

우리의 아이들에게 인공지능은 자연스러운 삶의 일부가 될 것이다. 그것들과 경쟁하고 조화를 이루는 가운데 자신만이 할 수 있는 고유한 일을 찾아야 한다. 이것은 비단 유망 직종에만 국한된 이야기가 아니며, 이 또한 예측일 뿐 아무도 장담할 수 없다.

직업의 미래보다 중요한 것은 인공지능 시대에 필요한 인간의 역량이다. 미래학자들은 향후 핵심 역량으로 '4C'를 꼽는다. 비판적 사고 능력(Critical thinking), 창의력(Creativity), 의사소통 능력(Communication), 협력과 조화(Collaboration)가 그것이다. 이것이야말로 기계를 넘어설 수 있는 인간만의 역량이다. 물론 그냥 주어지는 능력은 아니며 스스로 개발해야 한다.

자녀의 기본 역량이 가정에서 출발한다는 데는 이론의 여지가 없다. 아이의 미래와 관련해 부모는 어떤 도움을 줄 수 있을까. 인간의 고유성이 더욱 중요해진 시대, 어쩌면 답은 오래된 미래에 물어보는 게 빠를 수도 있다. 우리 아이의 개성을 존중하는가? 우리 아이는 다양한 경험을 하고 있는가?

호기심이 식지 않게 충분히 탐색하고 자신의 의지에 따라 주도성을 잃지 않는 것. 이를 치열한 경쟁 시대에 어울리지 않는 한가한 소리로 치부해서는 안 된다. 부모가 안목을 넓히면 그만큼 여유가 생긴다. 아이들이 살아갈 시대는 '현재'가 아니라 '저 먼 미래'다.

100년 전에 누군가가 이런 말을 남겼다. "언제나 더 나은 방법은 있기 마련이다." 이 말을 공상가가 했다면 아무 감흥이 없었을 것이다. 하지만 에디슨이 한 말이라는 것을 알게 되는 순간, 우리는 "아하!" 하고 깨달음을 얻는다. 역설적이지만 변화의 시대는 생각보다 실행이고, 계획보다 경험이다. '지금, 좋아하는 일을, 하는 것!' 이것이 가장 안정적인 선택이다.

4부

⋮

❸ 관계성 욕구

초심으로 돌아가라!

: 다만 믿고 사랑하고 기다린다

명문 케네디가의
대화 교육법

형과 동생은 여러 모로 비교됐다. 두 살 위인 형은 매사 자신감이 넘치는데다 운동과 학업 모두 발군의 실력을 보여 집안의 기대를 받으며 자랐다.

반면 동생은 공부는 뒷전이었다. 게다가 잦은 병치레로 침실에 갇혀 지내는 경우가 허다했다. 그가 일찍 독서의 즐거움을 깨달은 것은 어쩌면 허약한 체질 덕이기도 했다.

형이 장차 미국의 대통령이 되겠다는 포부를 밝혔을 때, 동생은 "글쎄요"라고 막연하게 대답하거나 "교사나 작가가 되고 싶다"고 말했다. 아버지의 마음을 흐뭇하게 한 건 큰아들이었다.

케네디가의
교육 철학

〰〰〰〰〰〰

10대 시절, 동생과 데이트를
했던 한 여성은 그가 형을 어떻게 생각하는지에 대해 생생히 증언
한다.

> 처음부터 끝까지 형 얘기만 늘어놓더군요. 형은 풋볼을 더 잘해. 형은
>
> 춤도 더 잘 춘다고. 형은 성적도 더 좋아. 뭐랄까 완전히 그의 그늘에
>
> 가려 있는 것 같았어요.[1]

동생은 친구들에게 인기가 많았다. 그러나 툭하면 약속을 어겼
으며, 단체 생활의 규율에 대해서는 대놓고 거부하기 일쑤였다. 기
숙사 사감은 그의 부모에게 자신의 방을 청결하게 유지하지 못하
거나 용모를 단정하게 못하는 것을 사감으로서의 책임이라고 말했
다. 그러면서 바로잡아주려고 노력했지만 늘 실패로 끝나고 말았
다고 했다. 아마도 그의 생활 태도에 두 손 들었다는 것을 완곡하게
표현한 것이리라.[2]

동생의 이름은 바로 존 F. 케네디. 그가 미국 최연소의 나이로 대
통령이 되었을 때, 그의 과거를 회고하며 흥미로워한 사람들이 한
둘이 아니었을 것이다. 미국 역사상 가장 많은 정치인을 배출한 케

네디 가문의 자녀 교육은 오랫동안 회자된다. 아홉 명의 자녀 중 한 명은 대통령이 되었고, 나머지는 상원의원과 외교관, 사업가가 되었으며, 손자들까지도 의회에 진출했다.

케네디는 대통령이 된 후 어머니에 대해 이런 말을 하기도 했다.

대통령이 되기 위한 준비 단계란 없다. 다만 내가 남에게 배운 것 중에서 도움이 될 만한 것이 있다면, 그것은 모두 어린 시절 어머니가 가르쳐주신 것이다.[3]

케네디의 어머니 로즈 엘리자베스 F. 케네디(Rose Elizabeth F. Kennedy)는 배움에 대한 열정이 가득한 사람이었다. 그녀는 60세에 스키를 배우고, 85세에 스케이트보드를 배울 정도로 호기심이 많았다. 자녀 교육에 대한 관심과 정성도 매우 깊었는데, 4남 5녀의 성장에 대해 빼곡하게 기록한 육아일기가 이를 대변한다.

특히 식탁을 교육의 장으로 적극 활용한 대목은 매우 유명하다. 하루 일과를 함께 이야기하고, 신문의 좋은 글은 오려서 화젯거리로 삼아 서로 질문하고 토론하도록 이끌었다. 아이들은 이런 활기찬 자리를 좋아했다. 케네디가 대선에서 TV 토론의 승자가 된 것은 결코 우연이 아니다. 더불어 식사 시간은 꼭 지키도록 지도했다. 이 과정에서 자녀들은 약속은 꼭 지켜야 한다는 신념을 자연스레 익혔다.

자녀 교육에 관해서는 아버지 또한 빼놓을 수 없다. 아버지 조지프 패트릭 케네디(Joseph Patrick Kennedy)는 성취욕이 많은 사람이었다. 30대 초반에 백만장자 반열에 오를 정도로 경제적으로 성공했으며, 나중에는 영국 대사까지 지냈다. 누구보다 바쁘게 살았지만 일을 핑계로 아이들에 대한 관심을 내려놓은 적은 없다.

그는 "내가 가진 막대한 재산과 명예보다 내 아이들이 더 훌륭한 유산"이라고 말하기도 했다. 누구보다 바빴고, 때로는 불같이 화를 내기도 했지만 아버지는 아이들과 자주 대화를 나누려고 애썼다. 아내와 전화를 할 때도 빠트리지 않고 아이들 한 명 한 명과 차례로 통화를 했다. 전화로 할 수 없는 이야기는 편지를 썼고, 아이들이 보낸 편지에는 꼬박꼬박 답장을 보냈다.[4]

대화와 믿음으로 커지는 용기

부모 자녀 간 대화의 힘은 부연 설명을 안 해도 될 만큼 강력하다. 전 미국 대통령 버락 오바마는 어떤 일이 있어도 가족과 대화할 수 있는 저녁식사 시간을 함께한 것으로 유명하다. 윤택하지 못한 청소년기를 보낸 오바마가 건강하게 성장할 수 있었던 것은 하루도 거르지 않은 어머니와의 아침식사 덕분이라는 것을 경험을 통해 잘 알고 있었기 때문이다.

케네디의 아버지 역시 대화의 힘을 잘 알고 있었다. 특히 아들이 어려움에 처했을 때는 격려를 잊지 않았다. 한번은 중학교에 다니던 케네디가 계속해서 말썽을 피우자 교장선생님이 아버지에게 전화를 한 적이 있었다. 아버지는 화를 꾹 참고 아들에게 편지를 썼다.

아들아, 나는 잔소리꾼 아버지가 되고 싶지는 않다. 잔소리를 하는 것은 아버지의 본분이 아니라고 생각한다. 내가 보기에 너는 확실히 훌륭한 재능을 많이 가지고 태어났다. 누구보다 뛰어난 능력을 가진 네가 재능을 제대로 발휘하지 못한다면 어리석은 노릇이 아닐까? 중고등학교 때 등한시한 기초 과목을 나중에 보충한다는 것은 지극히 힘든 일이다. 네가 천재가 아니라도 아버지는 실망하지 않는다. 다만, 훌륭한 판단력과 이해력을 겸비한 시민으로 자라주기를 간절히 바란다.[5]

케네디는 잠재력이 많은 아이였고 더러는 그런 면면을 알아보는 사람들도 있었다. 1933년, 교장선생님이 아버지에게 보낸 편지에는 "다른 학교에서도 그 웃음만 있으면 어떤 일이든 해치우고도 남을 것입니다. 장담하건대 앞으로 2년 안에 부친께서는 지금 조(존의 형)와 마찬가지로 존 역시 자랑스러워하게 될 것입니다"[6]라고 쓰여 있었다.

교장선생님의 예측은 적중했다. 케네디는 하버드와 어깨를 견주는 프린스턴대학에 입학했다. 형과 동문이 되는 것을 피하기 위한 선택이었으나 건강이 나빠 자퇴하고 다시 아버지처럼 하버드대학에 입학했다. 아버지는 아들의 졸업을 축하하는 편지에 이렇게 썼다.

아버지는 두 가지 사실을 굳게 믿는다. 하나는 네가 누구보다 슬기롭다는 것이고, 또 하나는 네가 멋진 아들이라는 것이다. 졸업을 진심으로 축하한다.[7]

이 편지는 케네디에게 큰 용기를 주었다. 아버지는 아들이 어려움에 처할 때마다 곁에 있었고, 아들은 아버지가 언제나 자신의 편이라는 사실을 굳게 믿었다. 케네디가를 키운 힘은 대화와 더불어 자녀의 잠재력에 대한 변치 않은 믿음이다.

부모가 자신을 신뢰하지 않는 것만큼 아이의 자존감에 치명적인 상처는 없다. 부모가 자신의 가치를 알아주지 않는데 아이 스스로 자신의 가치를 소중히 여기기란 불가능하다.

잠재력은 능력에 대한 믿음 그리고 흔들리지 않는 사랑 안에서 씨앗을 키운다. "대체 누굴 닮아 이 모양이야?" 부부싸움을 하면서 무의식중에 튀어나오는 이런 말은 자칫 아이의 존재를 부정하는 것으로 오해받을 수 있다. 이 말은 당사자인 아이에게도 상처가 되지만, 배우자에게도 상처를 주는 말이다. 부부가 서로 '나를 닮은'이 아니라 '당신을 닮은' 아이를 탓한다면 아이는 자신의 정체성에 혼란을 느끼게 된다. 화목한 부모의 모습을 보지 못한 아이는 정서는 물론 잠재력을 개발하는 데도 뒤처질 수밖에 없다.

채플린의 어머니가 남긴 위대한 유산

〰〰〰〰〰

"인생은 가까이에서 보면 비극이지만, 멀리서 보면 희극이다"라는 명언을 남긴 찰리 채플린. 둥근 챙이 달린 모자와 꽉 끼는 윗도리 그리고 헐렁한 바지는 100년이라는 시간을 넘어서도 여전히 살아 있는 캐릭터다.

채플린의 어린 시절은 궁핍했다. 부모님은 그가 한 살 때 이혼했고, 그 뒤로 어머니와 함께 지냈다. 첫 장편영화 〈키드〉는 버림받은 아이를 키우는 떠돌이의 애환을 그리고 있는데, 어린 시절의 경험이 총체적으로 녹아 있는 작품이다. 〈모던 타임스〉, 〈위대한 독재자〉도 마찬가지다. 우스꽝스러운 연기 속에 슬픔의 정서를 녹여내는 찰리 채플린의 연기는 유년의 경험에서 우러나온 것이다.

배우였던 어머니는 술주정뱅이인 남편과 이혼하고 재혼했으나

새 아버지 역시 채플린이 12세에 세상을 떠난다. 가난은 좀처럼 끝이 보이지 않았지만 집안은 사소한 기쁨으로 넘쳐났다. 어머니와 있는 순간만큼은 배고픔을 잊을 수 있었다.

어머니는 비록 연예인으로 성공하지는 못했지만 채플린에게는 단연 최고의 선생님이었다. 어머니는 시간이 날 때마다 배우들의 연기를 재현하며 연극의 내용들을 들려주곤 했다. 그러면서 연극을 진정 위대하게 만드는 인간의 사랑에 대해 가르치는 것도 잊지 않았다.

채플린은 어머니가 슬픔에 잠겨 있을 때면 그동안 배운 것들을 흉내 내며 즐겁게 해주려고 노력했다. 점차 아들의 재능을 발견하게 된 어머니는 연극 대본을 읽어주며 밤을 지새우기도 했다. 아들이 배가 고파 지쳐 있을 때면 용기를 주기 위해 노력했다. "찰리, 너는 세계를 사로잡는 대배우가 될 수 있어. 난 너를 믿는다."

채플린은 공부에 흥미를 보이지는 않았다. 하지만 어머니는 채플린의 재능을 익히 알았기에 그 능력을 키워주기 위해 애썼다. 신문에 실린 재미있는 희극을 베껴 읽어주기도 했다. 그것들을 열심히 듣고 따라한 채플린은 반 아이들에게 희극을 들려주었고, 채플린은 한순간에 학교에서 유명한 아이가 됐다. 채플린은 그 순간 연극이 얼마나 매력적인지를 깨달았다고 한다.

전설의 희극 배우 찰리 채플린. 그에게는 연예인 부모로부터 영향을 받은 재능과 어린 나이에 데뷔할 수 있었던 우연한 기회가 있었다. 하지만 일찍이 아들의 재능을 발견하고 자신감을 북돋워준 어머니가 없었다면 지금처럼 사람들의 마음속에 오래오래 살아 있는 위대한 배우가 되지는 못했을 것이다.

그는 무대에 오르기 전 자신감이 사라질 때마다 어머니의 목소리를 듣는다고 말한다. "찰리, 너는 세계적인 배우가 될 수 있어." 어머니의 모습은 훗날 영화 〈라임라이트〉에서 주인공 테리 어머니의 모습으로 재현됐다.[8]

부모의 안목이
아이를 크게 키운다

피카소는 미술에 관한한 일찍부터 재능을 드러냈다. 가족들이 보기에 피카소 그림은 아이들 장난에 지나지 않았지만 아버지는 아들의 재능이 범상치 않다고 생각했다. 아버지의 판단이 정확했다는 것은 피카소가 8세 때 그린 투우사 그림을 보면 충분히 이해할 수 있다. 아들의 재능을 발견한 아버지는 방을 통째로 내주어 아이가 마음껏 그림을 그릴 수 있도록 해주었다. 아들은 그런 아버지를 무척 잘 따르며 행복한 유년기를 보냈다.

그러나 학교에 들어가면서 행복한 유년 생활은 산산조각이 났다. 친구들은 알파벳도 모르고 셈도 모르는 피카소를 바보라고 놀려댔다. 피카소는 하루하루 위축되어갔고 말수도 줄어들었다. 모든 수업이 고역이었다. 특히 수학은 지독히도 싫어해서 수업 시간에도 창밖을 보거나 노트에 그림만 그렸다. 보다 못한 선생님이 아버지를 불러 더는 가르칠 수 없다고 말했다.

하지만 아버지는 주위의 걱정과 비아냥거림에도 흔들리지 않았다. "그림을 좋아하면 그림만 열심히 그려도 된다"며 오히려 아들을 격려했다. 상처받은 아들을 위해 아버지는 한동안 등하교를 함께했다.

문제아를 위인으로 만든 부모들

피카소에게 아버지는 가장 위대한 스승이었다. 예민한 관찰력으로 아들의 적성을 일찌감치 찾아주었으며, 직접 그림을 가르친 교사이기도 했다. 바르셀로나로 이사를 간 것도 아들의 재능을 키워주기 위한 선택이었다. 무엇보다 아버지의 빛나는 가치는 '믿음'에 있었다. 아들의 재능에 대한 믿음이 없었다면 과연 피카소의 그림이 빛을 볼 수 있었을까?

한때 바보라 불리던 인물 중 가장 유명한 사람은 에디슨이다. 에디슨은 8세 때 불과 3개월 학교를 다닌 게 전부다. 그 이유는 피카소와 거의 비슷하다. 선생님은 에디슨이 정서 불안에 말썽꾸러기,

심지어 구제 불능이라고 손사래를 쳤다.

　교사 출신의 어머니는 에디슨을 직접 가르치기로 결심했다. 어머니는 아들이 영리하다는 것을 이미 알고 있었다. 에디슨은 어머니에게 교육을 받으면서 닥치는 대로 책을 읽기 시작했다. 또 창고에 실험실을 만들어 그곳에서 매일 실험을 했다. 물론 대부분 실패였다. 그러나 몇 번씩 폭발이 일어나도 어머니는 나무라지 않았다. 아들이 대단한 일을 하고 있다고 믿었기 때문이다. 이 믿음은 에디슨으로 하여금 힘들 때마다 다시 일어서게 하는 힘이 됐다.

　세계적인 영화감독 스티븐 스필버그는 자신의 소년 시절을 암흑기로 회상한다. 전기 기술자인 아버지가 직장을 찾아다닐 때마다 가족들은 덩달아 이사를 다녔는데, 가는 곳마다 친구들에게 놀림을 받았다. 유대인이라서, 또 잘 뛰지 못한다는 이유에서였다. 학교에 재미를 붙일 거리가 없어 툭하면 아프다는 핑계로 결석을 했고, 난독증까지 있어서 성적도 엉망이었다.

　재능은 좀처럼 보이지 않았다. 특이한 것이 있다면 TV를 광적으로 좋아했다는 점과 이웃 사람들이 이상한 아이라고 여길 정도로 엉뚱한 행동을 많이 했다는 점이다.

　그러나 단 한 사람, 어머니만큼은 예외였다. 어머니는 아들의 호기심이 커져가는 것을 지켜보았다. 사람들이 걱정할 때도 어머니는 특별한 아이라며 옹호했다. 가족 소풍을 촬영한 이후 영화에 푹 빠진 아이가 소품이 필요하다고 하면 기꺼이 도와주었다. 공부에 별 관심이 없다는 것을 알았기에 강요하지도 않았다. 대신 아들의 상상력을 북돋아주기 위해 어머니는 동화책을 자주 읽어주었다. 그때 읽었던 『피터팬』은 훗날 어른을 위한 피터팬 영화 〈후크〉의 모티브가 됐다.

아이의 자존감을 높이는 부모의 공감 능력

EBS 다큐 프라임 〈아이의 사생활〉을 제작하면서 진행한 실험 결과에서 재미있는 사실을 발견했다. 12명의 아이들에게 엄마와 아이가 등장해 몸짓으로만 상황을 표현하는 마임 공연을 보여주었다. 마임 내용은 아이가 게임에 열중해 있고 엄마는 공부하라며 아이의 게임기를 빼앗는 것이었다.

공연이 끝난 후 아이들에게 엄마와 아이의 마음이 어땠을지 물어보았다. 같은 공연을 관람했는데도 아이들의 대답은 제각각이었다. 어떤 아이는 엄마에게 게임기를 빼앗긴 아이의 입장만 알아채는 반면, 어떤 아이는 아이 때문에 속상한 엄마의 마음까지도 이해했다.

마음을 읽어내는 수준도 달랐다. 겉으로 드러난 아이의 입장만 읽고 전달하는 아이가 있는가 하면, 아이와 엄마의 감정과 내면을 한결 구체적으로 파악한 아이도 있었다.

아이들의 답변을 토대로 각각의 공감 능력을 평가하고 다시 그 아이들의 자존감을 분석해보았다. 놀랍게도 단 두 명을 제외하고 공감 능력과 자존감의 관계가 일치했다. 즉 자존감이 높은 아이는 다른 사람을 이해하는 공감 능력이 높았고, 자존감이 낮은 아이는 공감 능력도 낮았다.

공감 능력은 몸이 크는 것처럼 자연적으로 키워지는 게 아니다. 학원이나 학교에서 공부하며 습득할 수 있는 것도 아니다. 그렇다면 자존감이 높은 아이의 공감 능력은 어떻게 생기는 것일까? 바로 자신에게 공감해주는 부모로부터 배우게 된다.

부모가 아이에게 공감해주면 아이는 자신이 사랑받을 만한 가치가 있다고 여겨 자존감이 높아진다. 관계에서 오는 자존감은 심리학자 에드워드 데시가 자기결정성 이론을 통해 밝힌 '관계성' 욕구와 일맥상통한다.

사랑받고 있다는 믿음은 아이로 하여금 안전하다고 느끼게 한다. 이때 아이들은 부모를 안전기지 삼아 마음껏 탐색할 수 있다. 반면 안전하지 않으면 도전 앞에 주저하게 되고 호기심도 싹틀 여지가 줄어든다.

아이에 대한 믿음의 힘은 여기서 그치지 않는다. 차곡차곡 저축

하듯이 쌓인 심리적 경험은 '어떤 일이든 잘할 수 있을 것 같다'는 유능감으로 발전하며, 이는 다시 자존감을 단단하게 만든다.

미네소타대학 심리학과 연구팀은 30년가량 수많은 엄마와 아이들을 추적 관찰하면서 특별한 결과를 얻었다. 생후 1년 무렵에 안정된 애착을 유지했던 아이들은 유치원에서도 교사에 대한 의존도가 낮았고 또래와의 관계도 훨씬 원만했다. 이것은 중학교에 올라가서도 마찬가지였다. 다른 사람에게 화를 내는 일도 드물었고, 남다른 끈기를 보였으며, 학업 성취도도 높게 나타났다.

안정적인 애착은 부모에 대한 믿음을 바탕에 둔다. 아기들이 우는 이유는 도움을 받기 위해서다. 반면 부모가 아기의 울음에 반응하지 않으면 아기는 두 가지 패턴을 보이는데, 굉장히 많이 울거나 거의 울지 않는 쪽을 선택한다.

아기들은 영리하다. 조용할 때는 엄마가 옆에 있어주다가 조금이라도 찡얼거리기 시작하면 도망치듯 그 자리를 피할 경우, 아기는 엄마를 더 오래 곁에 두기 위해 울지 않는다. 울음을 통해 원하는 것을 해결하고 타인과의 관계도 원활히 이루고 싶어 하는 아이의 능력을 억압하는 것이다.

이런 유형의 아기들은 나중에 자라서 회피애착을 보일 가능성이 높다. 얼핏 순해 보이지만 폭력을 내재화할 가능성도 크다. 정서를 누르는 데 많은 에너지를 쏟느라 정상적인 발달에 문제가 생긴다.

저마다의 속도로
자라나는 아이들

〰〰〰〰〰〰〰

소설가 스티븐 킹은 선생님 한 명을 평생 잊지 못한다. 초등학교 8학년 때, 스티븐 킹은 당시 유명했던 영화 〈함정과 진자〉를 책으로 만들어 학교 친구들에게 팔았다. 집에 있는 간이 인쇄기로 40권쯤 찍어 거의 다 팔아갈 무렵, 교장인 허슬러 선생님에게 발각되고 말았다. 선생님이 말했다. "내가 이해할 수 없는 건 말이다. 왜 이런 쓰레기 같은 글을 썼느냐는 거야. 너에겐 재능이 있어. 그런데 어쩌자고 이렇게 능력을 낭비하는 거냐?"

이때의 경험은 스티븐 킹에게 오랫동안 부끄러운 기억으로 남았다. 새로운 소설을 창작하고 친구들 사이에 베스트셀러가 되도 쉽게 지워지지 않았다. 왜 쓰레기 같은 글을 쓰느냐, 왜 능력을 낭비하느냐는 선생님의 꾸지람이 귓가를 맴돌았다.

『기다리는 부모가 큰 아이를 만든다』로 1980년대 미국 교육계에 큰 화제를 불러일으킨 아동학자 데이비드 엘킨드. 그는 육아는 사람의 성장과 발달에 관한 가장 기본적인 사실에서 출발해야 문제를 해결할 수 있다고 말한다. 그것은 바로 기다림이다. 많은 연구 결과가 증명하듯이 아이들의 신체 조건이나 지적 능력은 부모가 재촉한다고 해서 발달할 수 있는 문제가 아니다.

데이비드 엘킨드 교수는 다음 두 가지만 반드시 실천한다면 아이들은 어떤 어려움도 헤쳐 나갈 수 있을 것이라고 강조한다. "하나는 아이들을 세상에서 가장 소중히 여기며 진심으로 사랑하는 것, 다른 하나는 비록 아이가 부모의 희망과 다른 모습으로 자라더라도 끝까지 믿고 도와주어야 한다는 것"이다.[9]

스티븐 스필버그의 어머니는 한 인터뷰에서, 자신은 어쩌면 아들을 방관한 것이나 마찬가지라고 말한다. 유별난 아이였기 때문에 어떻게 하면 좋을지 알 수 없었다는 고백이다. 그때 그녀로 하여금 중심을 잡게 해준 것은 친정어머니의 말씀이었다. "언젠가 온 세상 사람들이 저 아이의 이야기를 듣게 될 거야." 세상의 잣대로 아이의 기를 꺾지 말라는 뜻이었다.[10]

인간은 누구나 영아기, 유아기, 아동기, 청소년기를 거친다. 아이가 어른의 옷을 입고 흉내를 낸다고 해서 진짜 어른이 될 수 없는 것처럼, 시기별로 반드시 거쳐야 하는 발달 과제가 있다. 또 성장하는 속도도 사람마다 차이가 있고, 재능을 발견하는 시점도 차이가 있다. '조금 더 빨리 혹은 조금 느리게'의 차이가 과연 100년의 삶에서 어느 정도의 가치를 지닐까.

중요한 것은 아이들은 오늘도 자라고 있으며, 고유한 재능을 키우기 위해 부단히 노력하고 있다는 사실이다. 길게 보는 안목이 아이를 큰사람으로 키울 수 있다.

적성은 변덕과 탐색
사이에서 꽃핀다

만약 '그것'만 조기에 찾을 수 있다면 교실의 풍경은 혁신적으로 바뀔 것이다. 학생들은 아기들처럼 마음껏 탐색하며 배움의 즐거움에 빠지고, 교사들은 전인교육에 집중하며, 부모들은 이래라저래라 잔소리할 필요가 없다. 우리가 그렇게 갈구하는 그것은 바로 '적성'이다.

교육 당국에서 수년째 밀고 있는 혁신학교, 중학교 자유학기제는 바로 적성의 발견에서 재능으로 이어지는 선순환 구조를 만들어 인재 경쟁력을 높이기 위한 시대적 요구를 반영한다. 개인의 삶으로 보자면 인생의 행복감과 직결된다. 그 행복감이 무엇인지는 나를 비롯해 한국에서 나고 자란 부모라면 대개 알고 있는 것이다.

꿈꾸던 일을
하고 있나요

나는 대학 시절 내내 '기자'가 되겠다는 꿈을 가졌다. 사회 변화의 중심에 있고, 남들에게 멋져 보이기도 하며, 무엇보다 '글'을 쓰는 직업이라는 게 가장 매력적이었다. 졸업하고 6개월 뒤 마침내 꿈을 이루었다. 갈망하던 언론사는 아니었지만, 어쨌든 기자가 됐다.

그러나 불과 2개월 만에 그만두었다. 가장 큰 이유는 허탈하게도 직업에 대한 몰이해에서 비롯됐다. 기자가 그렇게 힘든 직업인지 몰랐다. 기자에게 중요한 것은 글보다 근성임을 그제야 깨달았다.

기자를 포기한 뒤로는 '묻지마 지원'을 감행했다. 1년 동안 서류 전형에서만 100번도 넘게 떨어졌다. 적성을 맞춰보려는 나의 시도는 현실 앞에 한없이 무력했다. 그러면서도 입사의 문턱에 도달하면 갈팡질팡했다. 어떤 곳은 예비 소집일에 갔다가 실망만 안고 돌아왔고, 어떤 곳은 합격 통보를 받고도 마음을 접었다. 그러다 운 좋게 입사한 곳이 지금 몸담고 있는 방송사다.

이렇게 묻는 사람들이 있다. "결국엔 원하는 일을 찾았네요?" 하지만 선뜻 그렇다고 대답하기는 어렵다. 나는 여전히 좋아하는 일을 '찾아가고 있는 중'이므로. 빈말이 아니다. 입사 초기에는 훨씬 심각했다. 취업했다는 사실 말고는 '이게 나에게 맞는 일인가' 하는 회의를 떨쳐내기 힘들었다. 그런 방황은 5년이나 이어졌다. 내가 좀 유별난 것일까? 하지만 주변에 나와 같은 생각을 하는 사람들은 차고 넘친다.

아이에 대해
다 알고 있다는 착각

"우리 딸은 커서 뭐가 되고 싶니?" 아이가 만 5세를 앞두고 있을 때였다. 아이는 "피디 작가"라고 대답했다. 알 것도 같고 모를 것도 같고 해서 다시 물었다. 그러자 아이는 "아빠는 피디고, 엄마는 작가니까 둘 다 할래." 어린아이다운 대답이다. 호기심이 발동해서 열흘 뒤 다시 똑같은 질문을 했다. 그러자 아이는 "아이돌!" 하고 대답했다. 그 이유를 묻자 아이는 "춤도 추고 재밌잖아"라고 대답했다.

나는 그냥 웃었다. 변덕 때문만이 아니다. 아이와 춤이라니, 쉽게 연결고리를 찾을 수 없었다. 그런데 넉 달 뒤, 나의 생각이 선입견이었음을 인정할 수밖에 없었다. 유치원에서 일명 재롱잔치라고 작은 음악회가 있던 날, 나는 눈을 비비고 딸 아이를 바라보았다. 율동 솜씨가 나의 기대를 훨씬 넘어선 것이었다. 아내 역시 너무 놀라 눈물이 날 정도라고 했다.

아이가 춤추는 것을 좋아하리라고는 생각해본 적이 없었다. 아침에 일어나자마자 그림 그리는 모습을 보고 '미술에 재능이 있나?' 하고 생각하거나 인형과 대화를 하면서 이야기를 만드는 광경을 보고 '언어 쪽으로 재능이 있나?' 하고 추측했던 게 전부다. 그러면서 1년 전 한 어린이 행사 때의 기억이 떠올랐다. 여느 아이들과 달리 춤은커녕 입도 뻥긋하지 않는 딸아이의 모습을 보고 부모로서 가졌던 걱정은 말로 표현하기 힘들 정도였다.

그 사건 이후 보이지 않던 게 보이기 시작했다. 언제부터였는지 모르지만 딸은 정말 춤을 사랑했다. TV에 아이돌이 나와 노래를 하면 춤을 따라하거나 어깨를 들썩들썩하는 모습이 집안 곳곳에서 발각(?)됐다. 아이가 혹시 춤에 재능이 있는 걸까? 즐거운 상상이지만 기대는 접어두기로 했다. 옛 어른들의 말처럼 아이들의 관심은 언제 그랬냐는 듯이 바람처럼 바뀌기 마련이니까.

법대 교수에서 미대생이 된 칸딘스키

추상화의 아버지라 불리는 칸딘스키는 부유한 상인의 아들로 태어났다. 일찍이 피아노와 첼로, 그림을 접하면서 감성이 풍부한 환경에서 유년기를 보냈다. 청소년기에는 음악과 미술을 직업으로 삼을까 생각했지만, 정작 전공은 예술과 무관한 법학으로 정했다.

학업 성적이 뛰어났던 칸딘스키는 단번에 모스크바 법학과에 입학해 박사 학위까지 받고, 그토록 그리던 법학 교수의 제안을 받기에 이른다. 그런데 그때 아이러니하게도 숨어 있던 열정이 소용돌이치기 시작했다. 아무래도 교수는 자신이 일생을 걸 만한 직업이 아니라는 확신이 들었다. 그 일은 미술 작품을 감상할 때만큼 가슴이 뜨거워지지 않았다.

"저, 미술을 해야겠습니다." 칸딘스키의 선언에 아버지는 자신의 귀를 의심했다. 철딱서니 없는 소리였고 누가 보아도 무모한 결정이었다. 아버지는 한동안 고민했지만 결국에는 자식의 뜻에 따르기로 했다. 안정적인 법대 교수의 삶과 화가라는 새로운 진로 사이에서 몇날 며칠을 밤새워 고민했을 아들의 마음을 이해했기 때문이다. 또한 억지로 고집을 꺾는다고 해서 될 일이 아니라고 생각했다.

법학자에서 미대생으로 돌아섰을 때 나이는 이미 30세였다. 당시의 시대상을 고려하면 지금보다 훨씬 많게 느껴지는 나이다. 그는 그로부터 무려 6년이나 미술 수업을 받았고, 그 기간 동안 주변의 우려와 조롱을 견뎌야 했다. 그러나 시간이 지나면서 그가 내놓는 그림은 미술사의 흐름을 바꿔놓기 시작했다.

근대 화가들 중에는 여러 직업을 전전하다가 그림으로 돌아온 사례가 적지 않다. 하지만 칸딘스키처럼 사회적으로 인정받는 최고의 자리에서 완전히 새로운 분야로 전향한 경우는 드물다.

그의 가슴에는 언제부터 미술에 대한 열정이 들끓었을까? 그는 자서전격인 수필 「회상」에서, 어릴 때 색채에 남다른 감수성이 있었음을 기억해낸다. 자라면서 본 풍경들을 모두 색과 모양으로 기억하는 능력이 있었던 것이다.

모든 것이 지나고 나서야 선명해졌다. 23세 때, 렘브란트의 작품을 본 칸딘스키는 마치 그림 속 사람들이 살아 있는 것만 같다고 느꼈다. 그는 이 기억을 쉽게 잊지 못했다. 29세에 인상파 화가 모네의 작품 〈건초더미〉를 보았을 때는 충격 그 자체였다. 늘 보던 사물이 전혀 다르게 해석됐다. 그때 그는 미술에 대한 관심을 넘어 화가가 되고 싶다는 생각을 품었다.

그렇게 이어져온 열정이 아이러니하게도 인생 최고의 순간에 폭발했다. 그의 선택은 무모할 정도로 대범한 결정이었다.

그렇다면 왜 좀 더 일찍이 화가의 길로 들어서지 않았을까? 칸딘스키는 이 점에 대해 "나의 재능이 예술가가 될 정도까지는 아니라고 생각했다"고 말한다. '대가가 될 사람도 이런 생각을 하는구나' 하게 만드는 대목이다.

칸딘스키의 말에는 의미심장한 교훈이 있다. 욕구만 있다면 재능이 처음부터 출중하지 않아도 된다는 것이다. 경험에서 관심이 생기고, 그 관심이 욕구로 번진다. 욕구는 적성을 이끌고 재능으로 피어난다. 이 보일 듯 말 듯한 점들을 하나로 잇는 것은 자신의 결정이다. 칸딘스키는 훗날 「회상」에서 자신이 하고자 하는 일에 지원을 아끼지 않은 아버지에 대해 감사를 표하는 것을 잊지 않았다.[11]

샛길에서 완성된 대작
『닥터 지바고』

〰〰〰〰〰〰

보리스 파스테르나크는 예술가가 되기에 더 없이 이상적인 가정환경에서 자랐다. 아버지는 레닌의 초상화를 그린 미대 교수였고, 어머니는 유명한 피아니스트였다.

부모의 인맥 또한 화려했다. 아버지는 톨스토이와 매우 가까운 친구로 소설 『부활』의 삽화를 그려주기도 했다. 시인 릴케, 소설가 톨스토이, 작곡가 라흐마니노프 같은 문화계의 거장들이 수시로 집에 드나들었다. 집 안은 한마디로 미술과 음악, 문학의 향기가 넘쳐나는 예술의 광장이었다.

이 중에서도 파스테르나크에게 가장 큰 영향을 끼친 것은 음악이었다. 매일 습관처럼 듣는 어머니의 피아노 소리는 삶의 일부가 됐다. 그는 언젠가 "어머니가 피아노를 치다가 건네주는 형언할 수 없는 미소를 잊을 수 없다"고 회상했다. 진로를 음악으로 정한 것은 자연스러운 선택이었다. 아버지는 아들에게 당대 최고의 피아니스트이자 작곡가인 스크리아빈을 소개시켜주는 등 적극적으로 지원해주었다. 보리스 파스테르나크는 10대 후반의 6년을 음악에 쏟아부었다.

그러던 어느 날 아들은 부모에게 음악가의 길을 포기하겠다고 선언한다. 자신의 음악적 재능이 뛰어날 정도는 아니라는 자체 판단이 이유의 전부였다. 부모로서 이 말을 어떻게 받아들였을까. 무언가를 포기할 때 그 이유가 끈기인지 관심인지는 사실 시간이 필요하다. 이런 점에서 자기만족이라는 부분은 과학으로 설명할 수 있는 것도 아니고 그럴 필요도 없지만, 판단에 중요한 기준이 되는 것은 분명하다.

보리스 파스테르나크는 왠지 철학에 끌렸다. 철학에 관심이 많았고 두각을 보였다는 증거는 없지만 의지만은 확고했다. 실제 독일 유학까지 떠날 정도로 열의를 보였다. 하지만 성적은 신통치 못했고 공부도 적성에 맞지 않는다는 깨달음만 얻었다. 다시 모스크바로 돌아온 그는 문인이 되고 싶다고 했다. 변덕도 이런 변덕이 어디 있겠는가.

그러나 그의 부모는 아들을 조금도 나무라지 않았다. 아버지는 오히려 문인이 되겠다는 아들을 격려했다. "우리의 온 집안에는 톨스토이의 정신이 스며들어 있다."

음악가에서 문인의 길까지, 마치 얼토당토않은 길로 빠진 것 같지만 사람들이 예단하듯 뜬금없는 결정은 아니었다. 청소년기부터 톨스토이와 시인 릴케에게 많은 영향을 받았던 그는 글을 좋아했지만 음악에 가려져 있었을 뿐이다.

보리스 파스테르나크는 25세에 자비로 첫 시집을 낸다. 그로부터 40여 년 뒤, 그는 세상을 흔들어놓을 작품을 내놓는다. 『닥터 지바고』는 젊은 날의 방황이 낳은 일생일대의 대작이다. 그는 그런 사실을 부모에 대한 감사함으로 표현했다. "변덕쟁이였던 나에게 조금도 강요하거나 명령하지 않은 부모님이야말로 나의 가장 위대한 선생님이었다." 자식이 부모에게 할 수 있는 찬사 중 최고의 말이 아닐까?[12]

세계 최고가 된 변덕쟁이들

빌 게이츠가 전공으로 선택한 법학을 포기한 이유는 칸딘스키와 비슷하다. 빌 게이츠는 1973년 하버드대학 법학과에 입학했다. 하지만 법학에 흥미가 없다는 사실을 깨닫는 데는 오래 걸리지 않았다. 아버지처럼 법조인이 되려던 꿈도 시답지 않게 느껴졌다. 갈등의 나날을 보내며 빌 게이츠는 포커에 깊이 빠지기도 했다. 전공도 평소 좋아하던 수학으로 바꿨지만 신통치 않기는 마찬가지였다. 주변에는 자기보다 수학을 잘하는 친구들이 널려 있었다. 그래서 한때 생각했던 수학자의 꿈도 접었다.

그러던 1974년 12월, 여태 본 적이 없는 개인용 PC가 세상에 등장했다. 컴퓨터를 좋아하던 친구 폴 앨런과 나누던 이야기가 현실이 된 것이다. 빌 게이츠는 컴퓨터 혁명에 동참하기로 결심한다. 급기야 학교를 그만두고 본격적인 사업가의 길을 걷는다. 1975년 4월, 마이크로소프트의 역사가 시작됐다.

흔히 변덕을 부정적으로 이해하지만 꼭 그렇게 볼 것만은 아니다. 애플의 CEO인 팀 쿡(Tim D. Cook)은 경제 전문지 《패스트컴퍼니》와의 인터뷰에서 전임자인 스티브 잡스를 가리켜 "세계 최고의 변덕쟁이"라고 말한다. 한술 더 떠 변덕이 애플의 성공 비결이라고 강조하기도 했다.

사실 일주일만 지나도 생각이 전혀 달라지는 일들이 있다. 우리는 그래도 괜찮다고 본다. 오히려 이를 인정할 수 있는 용기가 있다는 것은 좋은 일이라고 생각한다.

애플의 이런 토양은 잡스로부터 시작됐다.

직업도 마찬가지다. 단순히 선택을 바꾼 것에 대한 부정적인 가치 판단은 적성을 찾는 데 걸림돌이 될 뿐이다. 슈바이처는 매우 여러 가지 직업을 가졌다. 가장 많이 알려진 의사로서의 삶 외에도 신학자로서 종말론을 설파했고, 목사가 되기도 했다. 철학자로서 칸트를 연구했으며, 뛰어난 음악가이기도 했다. 그는 당대 최고 권위의 바흐 연구가였으며, 오르간 제작자이자 상당한 수준의 오르간 연주자이기도 했다.

인도가 낳은 세계적인 시인 타고르의 재능은 레오나르도 다빈치를 연상시킬 정도다. 작가 외에도 정치가, 철학자, 교육가, 음악가, 화가, 사회운동가까지 다양한 분야에서 뛰어난 업적을 남겼다. 특히 음악과 미술에 대한 역량은 상상을 넘는 수준이다. 3000점의 수채화를 그리고 2000여 곡을 작곡했는데, 그중 600여 곡은 오늘날에도 인도인들의 사랑을 받고 있다.

흔히 '될성부른 나무는 떡잎부터 다르다'고 말한다. 재능이 조기에 발현될 때 하는 말이다. 이 말은 일부에게는 자부심을, 대다수에게는 좌절감을 준다. 하지만 아이들의 재능은 섣불리 예측할 수 없다. 조금 느린 아이도 있고 빠른 아이도 있지만 모든 아이들이 지켜야 할 발달 단계를 거치며 잠재력을 찾아간다.

아동기의 중요성을 처음으로 제대로 짚은 프랑스 철학자 장 자크 루소는 『에밀』에서 이렇게 썼다.

아동기는 그 시절 특유의 시각과 생각과 감정이 있는데, 아이들의 방식을 어른의 방식으로 대체하려 한다면 그보다 더 어리석은 일도 없다.

많은 위인들의 젊은 시절에서 드러나듯이 그들도 한때는 먹구름이 잔뜩 낀 것처럼 '흐린' 날들이 있었다. 재능이라는 떡잎도 그 어딘가에 있을 잠재력의 틈에서 치열한 탐색의 과정을 거쳐야만 나온다.

부모가 아이의 적성을
찾아줄 수 있을까

20세기 패션에 혁명을 몰고 온 조르지오 아르마니(Giorgio Armani)에게도 방황의 시절이 있었다. 아르마니는 이탈리아 밀라노 국립의대에 진학했고, 의사의 길에 의심을 품어본 적이 없었다. 의사는 전쟁을 거치면서 경제적으로 안정적인 삶을 바랐던 부모의 꿈이기도 했다. 그렇다고 부모의 강요에 의한 선택은 아니었다. 당시 아르마니도 그 선택이 옳다고 믿었다.

영화에 등장하는 선교사 같은 의사를 보며 꿈을 키웠다. 하지만 군의관이 되었을 때, 주사 놓는 일에 질려버린 아르마니는 마침내 의사라는 직업이 본인과 맞지 않다는 결론을 내렸다.

패션디자이너가 된 의사,
건축가가 된 권투 선수

아르마니가 패션 세계에 매료된 것은 우연히 백화점 아르바이트를 하면서부터다. 윈도우 디스플레이 담당으로 취업한 그는 창조적인 일은 아니었지만 점차 그 일을 좋아하게 됐다. 그 무렵 어린 시절의 경험이 살아났다.

그의 어머니는 집안을 이끌어가는 가장이었는데 직접 만든 옷에 대한 자부심이 강했다. 우아함과 간결함이 돋보이는 그의 패션 감각은 다분히 어머니에게 물려받은 것이다. 가족들은 종종 모여서 연극 놀이를 즐겨 했는데, 직접 만들어 입힌 옷으로 강아지 쇼를 하기도 했다.

한번은 인형의 머리카락을 만들려고 담요를 자른 적도 있었지만 어머니는 그 마음을 이해하고 혼내지 않았다. 이 모두가 당시에는 그저 평범한 일상일 뿐이었다.

노출 콘크리트 건축가로 유명한 안도 다다오는 권투 선수 출신이다. 그의 정규 학력은 공업고등학교 졸업이 전부다. 순전히 독학으로 세계적인 건축가의 위치에 올라 선 것이다.

안도 다다오는 외할머니를 편하게 모시기 위해 권투를 시작했다. 전적은 23전 13승 3패. 나쁘지 않은 성적에 당시 대졸 초임보다 많은 돈을 벌었다.

하지만 타고난 신체 조건의 한계로 점차 권투에 회의가 들기 시작했다. 그 무렵 헌책방에서 프랑스 건축가 르 코르뷔지에의 책을 보고 난 뒤 건축가의 길을 걷겠노라 다짐한다. 시간이 오래 걸리기는 했지만 그는 다짐대로 성공 스토리를 써나갔다.

그가 유명해진 뒤, 권투 선수 출신의 건축가라는 꼬리표가 오랫동안 따라다녔다. 안도 다다오에게는 건축에 대한 재능이 있었을까? 본인에게도 찾아왔던 궁금증은 시간이 지나고 나서야 풀리기 시작했다.

안도 다다오는 유년기부터 무언가를 만들기를 좋아했다. 어릴 때 살던 동네에는 목공소, 철공소, 유리 공장, 건축 자재 상점 같은 가게들이 많았다. 다다오는 그 가게들을 드나들면서 나무로 인형이나 장난감을 만들기도 하고, 쇳물을 가지고 유리를 붙이기도 하면서 놀았다.

중학교 2학년 때는 집을 2층으로 증축했는데, 목수들이 일사불란하게 일하는 모습을 보고 더욱 건축에 흥미를 갖게 된다. 이때 '목수가 되어볼까' 하는 생각도 한 적이 있다. 특히 친구들과 오사카의 요도 강가에서 자주 놀았는데, 이때의 추억은 훗날 그의 건축에 큰 영향을 미친다. 건축에 물의 이미지를 끌어들인 '물의 교회'는 바로 그때의 기억에서 나온 작품이다.

성공한 변덕쟁이들의
공통점

~~~~~~~~~

역사에 위대한 공헌을 한 인물 중에는 이들처럼 진로를 변경해 성공한 경우가 숱하다. 이들의 공통점을 찾아보자.

첫째, 결국은 자신의 욕구에 충실한 삶을 살았다. 과정에서 부딪히는 어려움을 잘 극복할 수 있던 힘도 다분히 자기 선택에서 기인한다.

둘째, 특출하기 전까지 발견하기 어려운 게 적성과 재능이지만, 눈에 띄지 않는다고 해서 없는 것은 아니다. 재능과 관심은 밀접하게 연결되어 있다. 사람은 관심이 가는 것을 하려 하고, 하다 보면 잘하게 되고, 잘하니 더 좋아하게 되는 선순환 구조 속에서 성장한다.

셋째, 진로를 정하는 결정적인 타이밍이 있다. 모든 인물의 성공에는 우연이 등장한다. 그리고 새로운 선택의 배경에는 한때의 경험이 알게 모르게 작용한다.

이와 관련해 혁신의 아이콘인 스티브 잡스는 '점의 연결'이라는 말을 썼다. 지금은 예측할 수 없지만 모든 경험(점)은 미래와 연결된다는 것이다. 대학을 중퇴하고 청강했던 서체 강의가 10년 뒤 아름다운 글자체를 가진 매킨토시 컴퓨터를 만드는 데 큰 도움이 되리라는 것을 누가 상상이나 했을까. '점의 연결'은 '지구상 어딘가에서 일어난 조그만 변화가 예측할 수 없는 날씨의 원인이 된다'는 나비효과의 인간 버전과 같다.

누구나 한 번쯤
갈림길에 선다

뉴욕 로펌의 변호사인 네이선 사와야(Nathan Sawaya)는 퇴근하면 집에서 레고를 조립하는 취미가 있었다. 그때가 그에게는 하루 중 가장 행복한 시간이었다. 몇 개의 작품이 인터넷에서 호응을 얻자 그는 2003년에 과감히 억대 연봉을 포기하고 레고 아티스트의 길로 들어선다.

2007년에 있었던 첫 전시는 '아이들 장난감 때문에 직업을 포기한 사람'이라는 주변의 비웃음을 보란 듯이 잠재워버렸다.

네이선 사와야는 뉴욕대학에서 법학을 전공하며 자연스럽게 변호사가 되었지만, 어릴 때는 만화를 그리고 이야기 만들기를 좋아하던 작가 지망생이었다. 지금도 여전히 "안정적인 일을 왜 포기했냐?"는 질문을 많이 받지만, 대답은 단출하다. "예술 활동을 하면서 비로소 행복을 느끼게 되었습니다."

어른이 되어 진로를 바꾸는 사람들이 심심찮게 늘고 있다. 이를 지켜보는 주변 사람들의 걱정은 이만저만이 아니다. 하지만 당사자에게는 오히려 잠재력을 발견하고 문제를 해결해가는 과정일 수도 있다. 한 길로만 간다고 해서 꼭 그 일에 만족한다고 볼 수 없다는 것을 우리는 이미 잘 알고 있다.

케네디가 정치인이 되지 않았다면, 어쩌면 작가로서 오랫동안 사랑받았을지도 모른다. 정치 신인이던 시절 고질적인 허리 통증이 다시 찾아왔다. 수술을 받고 안정을 취하던 시기에 소신 있는 정치인들의 이야기를 담아『용기 있는 사람들』이라는 책을 집필했다. 1957년 케네디는 이 작품으로 퓰리처상을 수상했다.

그가 정치적으로 성공가도를 달리자 일각에서는 이 책이 대필되었을 것이라는 소문이 돌았다. 하지만 젊은 시절에 쓴 그의 일기를 보면 세간의 의심을 일소할 정도로 문장력이 뛰어나다는 걸 알 수 있다.

인생학교의 공동설립자이기도 한 대중 철학자 로먼 크르즈나릭(Roman Krznaric)은 한번쯤 직업을 바꿔보는 게 오히려 인생을 풍요롭게 사는 길이라고 조언한다. 사람에게는 여러 개의 자아가 존재하므로 어떤 일에서 더 높은 몰입감을 경험할지 알 수 없기 때문이다.

성공한 이들의 이야기를 보면 마치 성공의 요인이 모두 진로 변경에 있는 것 같다는 느낌마저 든다. 하지만 중요한 것은 그 역시 다른 길은 모른다는 것이다.

학교를 중퇴하고 엄청나게 성공한 빌 게이츠마저 자신의 지난날에 대해 모두 필연성을 부여하는 것을 부정한다. 시카고대학의 총장인 셰릴 하이먼과의 인터뷰에서 "자신은 대학에서 중퇴하고 운이 좋아 소프트웨어를 개발하는 일을 계속했지만, 대학을 졸업하는 게 더 많은 기회를 줄 것"이라고 밝혔다. 그의 말은 결국 특정한 모델이 성공을 보장하는 것은 아니라는 의미다.

괜한 푸념으로 여길 수도 있겠지만 나 역시 여전히 진로에 대해 고민한다. 수년간 기자 준비를 하다가 PD가 되었을 때도, 방송 제작 PD를 하다가 모바일 PM(프로젝트 매니저) 업무를 할 때도 한편으로 설레었지만 동시에 미래에 대한 불안감도 떨칠 수는 없었다.

대체 내 적성은 무엇일까? 앞으로도 계속 변할까? 그들의 이야기를 다시 읽기 시작하면서 한 가지 깨달았다. '자신의 적성을 일찍 알고 한 길로 매진한 사람은 극소수다.' 그래서 적성은 발견하는 것이 아니라 발견되어진다고 말하는 게 더 정확할 것이다. 그 힘은 다양한 경험과 현재 관심 있는 대상, 그 무언가를 용기 있게 두드릴 때 나온다.

목표가 속도를
이긴다

대학 전공을 영어로 정한 순간부터 학과 공부는 내 삶에서 완전히 배제됐다. 그만큼 나는 영어가 싫었고, 도무지 영어를 공부해야 할 이유를 찾지 못했다. 그 무렵 한국에 불어닥친 영어 열풍이 못마땅한 건 당연했다.

나는 사실 영어보다 언어학에 관심이 있었던 것 같다. 어쩌면 영어에 대한 콤플렉스 탓이었을지도 모른다.

언젠가는 꼭 한번 언어에 대한 다큐멘터리를 만들고 싶다고 생각했다. 그러다 마침내 기회가 왔다. 〈언어 3부작〉 다큐멘터리가 기획안 심사에 통과됐다.

외국어 조기 교육은
얼마나 효과적일까

국내 내로라하는 언어학자와 영어 교육자를 만나 다음과 같은 질문을 했다.

Q 아이들은 어릴수록 영어를 더 잘 배우는가?

A 그렇다.

Q 한국 아이들이 영어를 일찍 시작해서 열심히 공부하면 미국 아이들만큼 실력을 갖출 수 있는가?

A 그럴 수도 있다. 미국에서 자란다면 말이다.

Q 미국 아이가 영어를 배우는 것과 한국에 살고 있는 아이가 영어를 배우는 방식은 같은가?

A 다르다.

Q 같을 수는 없는가?

A 불가능에 가깝다.

Q 이유는 무엇인가?

A 방대한 노출 시간과 자연스런 환경이 있어야 한다. 둘 중 하나라도 없으면 아이들은 언어를 배우지 못한다.

Q 그렇다면 한국에서 조기 영어 교육은 효과가 없다고 생각하나?

A 일부는 효과가 있을 것이다. 이미 영어를 할 줄 아는 아이라면.

Q 대다수의 아이들에게는 효과가 없다는 말인가?

A 그렇다. 그러나 정서에 미치는 영향을 따지면 오히려 손해일 수도 있다.

Q 마지막으로 조기 영어 교육을 시키려는 부모에게 무슨 말을 해주고 싶은가?

A 영어를 공부하는 목표를 분명히 하라. 그리고 많은 기대를 하지 마라.

가설을 세우기까지 2개월이 걸렸다. 서울대학교와 공동으로 '연령별 외국어 배우기' 실험을 진행했다. 외국어를 배울 때 나이는 어느 정도로 중요한지, 정말 어릴수록 더 유리한지 직접 확인해보고자 했다.

중국어를 한 번도 접해보지 않은 8세 아동 5명과 20세 대학생 5명에게 하루 2시간씩 5일 동안 같은 중국어 수업을 듣게 했다. 마지막 수업 후 테스트가 있을 것이라는 이야기는 하지 않았다. 10명의 학생들은 같은 교실에 모여 즐겁게 중국어를 배웠다. 중국 유치원 수준의 수업이라 8세 아동에게 불리할 것은 없었다.

그리고 5일 뒤 각 학생들은 2명의 교사 앞에서 그동안 배운 중국어의 어휘력, 문장 능력, 발음 등을 평가받았다.

동일한 조건에서 중국어를 배운 8세 아동과 20세 대학생들 간의 평가 결과는 어땠을까? 테스트가 있다는 사실을 몰랐던 대학생들은 당황해하는 기색이 역력했지만, 당연히 자신들이 이길 것이라고 장담했다. 8세 아동의 학부모는 아이들이 더 잘할 것 같다거나 쓰기나 문법은 대학생이 더 낫겠지만 발음은 아이들이 더 좋을 것 같다고 예상했다.

테스트 결과, 어휘력에 있어서는 20세 대학생의 완승이었다. 8세 아동의 평균 점수가 42점이었던 것에 비해, 20세 대학생의 평균 점수는 72점으로 상당한 격차가 벌어졌다. 문장 능력 또한 마찬가지였다. 8세 아동의 평균 점수는 37점, 20세 대학생의 평균 점수는 68점이었다.

그렇다면 학부모들이 기대한 발음에 대해서는 어떤 결과가 나왔을까? 8세 아동의 평균 점수는 62점, 20세 대학생의 평균 점수는 64점으로 이번에도 대학생이 조금 더 좋은 점수를 기록했다. 8세 아동 그룹의 경우 어휘력과 문장 능력이 30~40점대였던 것에 비해, 발음에서는 놀랄 만큼 점수가 상승했다.

상대적으로 20세 대학생 그룹은 발음 평가에서 어휘력과 문장 능력에 비해 낮은 점수를 기록했다. 발음 평가에서 대학생 그룹이 간발의 차이로 이기긴 했지만 최고의 성적을 거둔 학생은 다름 아닌 8세 아동이었다.

언어 천재는
교실에 없다

소규모 집단을 대상으로 한 샘플 실험이었지만, 최초의 질문과 관련해 한 가지 분명한 메시지를 얻었다. 영어는 일찍 시작해야 효과가 있을까? 아닐 확률이 높다. 적어도 한국에서는 말이다.

이 실험 결과에 대해 조지타운대학 언어학과의 앨리슨 매키(Alison Mackey) 교수는 "말을 빨리 배우면 배울수록 원어민에 가까운 발음을 할 수 있는 것은 사실이지만, 나이가 많은 아이들은 인지적으로 더 성숙하기 때문에 언어 학습의 속도가 빠를 수 있다"고 말했다.

실험을 공동으로 진행한 서울대학교 영어교육과 이병민 교수는 "이중 언어와 외국어의 차이를 이해하면 결과가 전혀 이상하지 않다"고 강조했다.

예를 들어 학생들이 중국 현지에서 중국어를 배웠다면 그것은 외국어 환경이 아니라 '제2언어', 즉 이중 언어 환경이라는 것이다. 교실에서도 중국어를 배우고, 밖에 나가서도 역시 중국어를 써야 하는 것이다. 그런 경우는 일상생활 속에서 언어 환경에 노출이 많이 되는 셈이다. 하지만 '외국어'로서 중국어를 배우는 상황이라면 교실 외에서는 중국어를 배울 수 있는 환경이 만들어지지 않으므로 학습 능력이 높은 어른이 더 유리하다는 의미다.

어린아이와 어른이 외국어로 중국어를 학습한다면 인지 능력은 물론 이미 축적된 학습 능력이 높은 어른이 더 빨리 습득할 수 있다. 하지만 일상생활에서 지속적으로 언어 자극에 놓이는 이중 언어 환경이라면 상황은 전혀 다를 수 있다. 외국어를 빨리 습득할 수 있는 조건 중 하나는 언어 환경, 즉 노출이기 때문이다.

막연한 목표는
대가를 치른다

쉽게 정리하면, 아이들은 어릴수록 언어를 잘 배운다. 언어 발달의 과정에서 민감기는 분명히 있다. 하지만 한국에서 영어를 원어민 수준으로 배우는 것은 불가능에 가깝다. 우리가 만 4세가 될 때까지 모국어에 노출되는 시간은 1만 1680시간이다. 이것을 영어에 적용해 하루에 1시간씩 말하고 듣는다면 무려 32년이다. 아무리 아이들이 언어 천재라고 해도 이와 같은 충분한 노출이 없으면 원어민 수준의 언어 발달은 불가능하다.

게다가 조기 영어 학원은 아무리 원어민 강사가 가르친다고 해도 살아 있는 언어 환경이 아니다. 유아들은 무언가를 배울 때 마치 놀이처럼 배운다는 의식을 하지 않아야 잘 배운다. 유아기에는 암묵적 학습이 맞기 때문이다.

그러나 학원의 아이들은 자신이 공부를 하고 있다는 사실을 너무도 잘 안다. 아무리 놀이를 표방해도 성인들에게 익숙한 명시적 학습을 하고 있는 것이다. 이런 이유로 이병민 교수는 조기 영어 교육이 아닌, 적기(適期) 영어 교육을 주장한다. 여기서 적기란 우리나라에서 외국어 교육으로 영어를 접한다는 전제로 아이의 인지 능력과 학습 능력이 다져진 초등학교 3학년 이상을 뜻한다.

아이에게 영어를 가르치고 싶다면, 부모가 교육에 대한 목표를 분명히 하는 게 좋다. 남들이 다 하기 때문에, 우리 아이만 뒤처질 수 없어서, 요즘 세상에 영어는 기본이니까 하는 식의 막연한 목표는 발달 특성을 무시해서 잘못된 교육 방법을 선택하게 만든다. 뿐만 아니라 아이의 개인적 욕구나 재능은 무시한 채 강압적 교육 방식으로 내몰 수 있다. 인간스러움은 자연스러움에서 출발한다. 적기 교육이 중요한 이유 중 하나다.

부모를 닮아가는
아이들

현장 경험이 풍부한 유아교육자 하정연 교수는 "아이 인성의 80%는 부모 본보기가 결정한다"고 강조한다.

아이를 보면 부모가 보이고, 부모를 보면 아이가 보인다. 유아교육자들이 많이 하는 말이다. 어디까지 신뢰할 수 있을까? 우리는 초등학생을 대상으로 이에 대해 실험해보기로 했다.

초등학생 12명을 실험실로 초대해 엄마 아빠가 되어보는 역할극 놀이를 진행했다. 여학생은 뽀글뽀글한 가발을 쓰고 원피스 위에 앞치마를 입었고, 남학생은 까칠한 콧수염을 달고 하얀색 셔츠에 넥타이를 맸다.

아이들의 역할 모델, 부모

～～～～～～　아이 역할을 맡은 어른 연기자가 들어왔다. 아이는 무엇에 화가 났는지 입이 뾰로통해서는 알아들을 수 없는 말로 투덜거렸다. 부모 역할을 맡은 아이가 화가 난 아이에게 질문을 했다.

"너 오늘 왜 그래? 무슨 일 있는 거니?"

아이 역을 맡은 어른 연기자는 화가 난 이유를 설명했다.

"아니, 그게 아니라, 우리 반 선생님 때문에 너무 화가나."

"왜 선생님이 화가 나게 했는데?"

"우리 반 반장, 걔만 예뻐한다니까. 걔는 하는 일이 그냥 떠드는 애들 이름이나 적는 것뿐이야. 반장한테는 청소도 안 시켜."

실험에서 제시된 대본은 여기까지였다. 부모 역할을 맡은 아이들은 다음 대화를 이어가야 한다. 아이들은 어떤 말을 했을까?

"아무리 그래도 선생님을 나쁘다고 하면 안 되지."

"그럼 너도 열심히 노력해보렴."

"뭐 그런 선생님이 다 있어?"

나는 역할극을 관찰하며 흥미로운 사실을 발견했다. 실험 참가자들이 초등학생임에도 불구하고 대부분이 평소와 전혀 다른 언어를 구사했다. 역할극인 상황을 감안하더라도 아이들은 마치 자신이 진짜 부모라도 된 양, 부모의 언어로 말을 했다. 연기인지 현실인지 구별이 안 될 정도였다.

실험 참가자들의 반응 유형은 비판형, 설득형, 공감형으로 분류됐다. 발달전문가들이 말하는 화난 아이를 대하는 부모의 유형 세 가지를 정확히 대표하고 있었다. 그렇다면 아이들은 누구의 모습에 몰입되어 있던 것일까?

사람들은 누구나 판단을 내리지 못하거나, 결정을 하고서도 스스로를 확신하지 못해 망설일 때가 있다. 그럴 때 사람들은 타인을 관찰해 모방한다. 심리학에서는 이를 '사회적 증거'라고 한다. 아이들이 가장 많이 관찰하는 대상은 부모다. 부모 자신이 교육 모델이 되어야 하는 것은 그래서 중요하다.[13]

장애를 극복한 아버지와 기적을 만든 자식들

한국 최초의 맹인 박사인 강영우 전 백악관 차관보의 삶은 보태고 뺄 게 없는 한 편의 드라마다. 이보다 더 절망적인 유년기가 있을까. 그러나 강영우 박사는 오히려 "실명 때문에 성공할 수 있었다"고 말한다.

치명적인 장애, 갑작스런 부모의 죽음, 형제와의 이별. 보통사람이라면 이 중 하나의 시련도 감당하기 힘들 텐데, 이 모두를 동시에 겪고도 어떻게 좌절하지 않고 성공할 수 있었을까? 그의 도전 정신은 세기가 바뀌어도 여전히 많은 사람들에게 귀감이 되고 있다.

맹인의 길이 점쟁이와 안마사뿐이라고 여기던 1960년대. 소년 강영우의 가장 큰 꿈은 안마사가 '되지 않는 것'이었다. 강영우는 또래 친구들보다 더 열심히 공부했다. 점자를 익히면서 매일 도서관에서 책을 읽었다. 장애를 극복한 헬렌 켈러 같은 위인들의 삶을 접하면서 희망도 키웠다. 롤 모델을 발견한 것이다.

그러던 어느 날 그는 가슴을 먹먹하게 만드는 글을 발견한다. "가지지 못한 한 가지에 불평하기보다 가진 열 가지에 감사하라." 이 한 문장은 평생 그의 실천 지침이 됐다.

청년 강영우는 1972년에 미국 피츠버그대학으로 유학을 가게 되고, 시각장애인으로서 한국 최초의 교육학 박사 학위를 취득한다. 일리노이대학의 교수를 거쳐 백악관 국가장애위원회 정책차관보에 임명된 그는, 2000년에는 미국저명인사 사전에, 2001년에는 세계저명인사 사전에 이름을 올린다.

노벨문학상을 수상한 펄 벅은 강영우 박사를 가리켜 "세상을 어둡다고 불평하지 않고 스스로 하나의 촛불이 되어 세상을 밝히는 사람"이라고 공개적으로 칭찬하기도 했다. 강영우 박사가 이룬 성공만으로도 놀랍지만 그의 두 아들의 성장 또한 놀랍다. 두 아들은 미국의 한인들뿐만 아니라 시민들에게도 모델이 될 정도다.

큰아들 진석은 3세 때부터 아빠의 눈을 뜨게 해달라고 기도했다. 아빠의 눈을 고쳐주겠다는 꿈은 그로 하여금 쉼 없이 노력하게 하는 원동력이 됐다. 마침내 그는 하버드대학을 졸업하고 안과 의사가 되었고, 미국 최고의 안과 의사에 꼽히기도 했다. 아버지와 자신에 대해 쓴 에세이 「베드타임 스토리(Bed time story)」는 큰 반향을 일으키며 하버드대학의 대표 에세이로 선정됐다.

듀크대학을 졸업하고 변호사가 된 작은아들 진영은 민주당의 최연소 법률 보좌관으로 미국 최고 보좌관 35인에 선정될 만큼 영향력 있는 젊은이로 성장했다. 2009년에는 오바마 대통령 정부 최연소 특별 보좌관으로 백악관에 들어갔다. 1월 16일, 그날은 공교롭게도 아버지가 부시 정부에서 은퇴하는 날이기도 해서 뉴스가 되기도 했다.

두 아들은 어느 매체와의 인터뷰에서 자신들의 모든 공을 아버지에게로 돌렸다. 아버지 강영우 박사는 자식들에게 "항상 날 봐. 나는 맹인이고 영어도 모르는 채로 미국에 왔어. 그런데 지금 내가 이룬 걸 봐라. 네가 가진 것은 자식들에게 더 큰 성공을 가져다줄 수 있다"고 말하곤 했다.

강영우 박사의 이 말 속에 자식들의 성공 비결이 모두 들어 있다. 작은아들 진영은 그것을 '도전정신'이라고 압축한다. 그는 "아버지

는 '안 돼' 혹은 '실패'라는 말을 받아들이지 않았다"고 전한다.[14]

강영우 박사는 죽을 때까지 앞을 보지 못했다. 대신 일반인들이 보지 못하는 것을 보았고, 그것을 세상에 큰 소리로 알려주었다. 바로 도전을 멈추지 않는 한 미래는 희망과 가능성으로 가득 차 있다는 것이다. 이것이 바로 그가 "실명 때문에 성공을 할 수 있었다"고 말하는 이유다.[15]

세계관을 키우는 데도 아버지 강영우의 삶은 그 자체가 교과서다. 안과 의사인 큰아들은 어떤 면에서는 아버지가 맹인인 것을 고맙게 생각한다고 말하기도 했다.

맹인 아버지 덕분에 저는 세상을 바라보는 새로운 관점을 가지게 되었어요. 자신만의 관점에서 세상을 바라보고 자기 주변만 걱정하는 게 아니라 다른 사람의 입장까지 생각하게 되었어요.

두 아들에게 아버지는 닮고 싶은 모델이었다. 그래서 성취 동기는 물론 삶의 목적 또한 분명하게 할 수 있었다. 슈바이처 박사는 성공적인 자녀 교육의 원칙에 대해 "첫째는 본보기요, 둘째도 본보기요, 셋째도 본보기"라고 말한 바 있다. 부모로부터 보고 들은 것보다 더 신뢰할 수 있는 게 있을까? 부모의 모범은 자녀를 이끄는 가장 확실한 지름길이다.

노벨상을 받은
샐러리맨

2002년 10월 9일 업무 시간이 끝나갈 무렵, 일본 정부 청사에서는 한바탕 소동이 일어났다. '도대체 다나카 고이치가 누구인가?' 다나카 고이치가 다니던 회사인 시마즈 제작소도 정신 없기는 마찬가지였다. 회사 전화기 50대가 일제히 울려댔고 기자들의 문의가 폭주했다.

다나카 고이치(田中耕一)라는 인물이 단백질의 질량을 정확하게 측정할 수 있는 '연성 레이저 이탈기법' 개발로 노벨상 수상자로 선정된 것이다. 수상 직전까지 학계에서 그의 이름을 아는 사람은 없었다.

TV로 뉴스 속보를 보던 다나카 고이치의 어머니는 아들과 동명이인쯤으로 여겼다. 심지어 본인도 영어를 제대로 알아듣지 못해 누가 장난으로 전화를 한 것이라고 생각했다. 얼마나 경황이 없었으면 그날 밤 기자 회견장에 작업복을 입고 등장했을까.

계측 회사 화학 연구원인 다나카 고이치는 단백질의 질량을 분석하는 일을 해왔다. 단백질은 인체의 30%를 차지할 만큼 중요한 요소다. 단백질 분석만 성공한다면 신약 개발에서 암 치료에 이르기까지 획기적인 개선이 열린다. 다나카 고이치와 동료들은 단백질을 파괴하지 않으면서 무게를 측정하는 방법을 찾느라 연구에 몰두했다.

어느 날 그는 코발트 분말에 글리세린 액체를 잘못 섞는 실수를 했는데, 놀라운 일이 벌어졌다. 두 개의 재료를 섞은 완충제를 사용하자 단백질이 파괴되지 않고 분석되었던 것이다. 우연히 얻어 걸렸지만 세기의 발견이었다. 하지만 당시만 해도 그의 발견이 그렇게 위대한 일이라는 것을 아는 사람은 드물었다.

그렇게 세월이 흘렀고 한 토론회에서 코터 교수를 만난 다나카 고이치는 그에게 자신이 발견한 자료를 보여주었다. 그의 업적을 제대로 알아본 코터 교수는 놀라움을 금치 못했고, 자료를 미국의 교수들에게 보여주었다. 이런 연결 고리의 끝에 노벨상이 닿은 것이다.

평범한 샐러리맨의 쾌거에 일본 사회는 크게 흔들렸다. 지방 대학 학사 출신의 다나카 고이치. 노벨화학상 수상자 중에 학사 출신은 그가 최초였다. 게다가 43세라는 나이로 역대 최연소 수상이었다. 놀라운 발견을 했을 당시는 겨우 입사 2년차인 26세였다. 취재 열기가 뜨거워지면서 그에 대해 궁금증을 자아낼 만한 사실들이 알려졌다.

다나카 고이치의 친어머니는 출산 도중 세상을 떠났고, 아버지는 몸이 많이 아팠다. 결국 그는 작은아버지 밑에서 자랐다. 그는 작은아버지를 친아버지로 알았다. 아버지의 직업은 공구를 판매하고 수리하는 장인이었다. 학창 시절에 공부를 뛰어나게 잘하지도 않았던 이 평범해 보이는 사람에게서 노벨상과 연관되는 키워드를 찾기란 쉽지 않았다.

다나카 고이치는 소탈하고 진솔한 사람이었다. 회사에서는 노벨상 수상 기념으로 직급을 주임에서 이사로 승진시키기로 결정했다. 그러나 그는 현장에서 연구를 계속하고 싶다며 이를 정중하게 사양했다.

부모는
위대하다

다나카 고이치의 아버지가 하는 일은 망가진 톱니들을 하나하나 줄로 가는, 매우 끈기가 필요한 작업이었다. 단순해 보이는 일이지만 그런 아버지의 일에 여섯 가족의 생계가 달려 있었다. 다나카는 하루 종일 웅크린 채 작업하는 아버지를 보며 자랐다.[16]

그가 아버지에게서 배운 것은 바로 그런 모습이었다. "공부를 하다가도 문득 싫증이 나게 마련인데, 그럴 때면 저는 아버지를 생각하고 마음을 고쳐먹습니다. 지금은 지루하고 골치 아프지만 이것이 쌓여서 장래에 도움이 된다고 마음을 다잡습니다." 끈기 있게 노력하면 마침내 결실을 보게 된다는 것을 그의 아버지는 행동으로 보여주었다.[17]

다나카의 집 한쪽에는 아버지가 평소 사용하던 도구들이 놓여 있다. 망치, 톱, 대패들이 가지런히 장식되어 있는데, 감사와 존경의 마음을 간직하려는 것이다.

어머니는 친아들은 아니었지만 다나카를 다른 형제들과 다름없이 대하려고 노력했다. 부모님이 친부모가 아니라는 것을 알았을 때 그의 나이 20세였다.

그는 엄청난 충격에 휩싸였다. 그러나 아픔을 딛고 일어서는데 그리 오랜 시간이 걸리지는 않았다. 어머니는 그를 남의 자식이라고 생각해본 적이 없었고, 그 역시 이를 잘 알고 있었기 때문이다.

다나카 고이치의 성공 배경에는 아버지의 끈기와 어머니의 사랑이 자리하고 있다. 철저한 장인정신, 진실한 태도, 그것들이 수많은 실패를 견디게 한 힘이었고 바로 일본인들이 닮고자 하는 모습이었다. 그 배움이 가정에서 시작되었다는 것은 부모가 얼마나 위대한 존재인지를 잘 보여준다.

언젠가 빌 게이츠의 아버지는 기자들에게 이런 질문을 받았다. "빌이 아버지로부터 많은 재산을 상속받았더라도 지금처럼 열심히 노력했을 거라고 생각합니까?" 그러자 "내가 만약 빌에게 많은 재산을 상속해주었다면 아마 오늘날의 마이크로소프트사를 세우지 못했을 겁니다"라고 대답했다.[18]

그만큼 자립심을 자녀 교육의 중요한 원칙으로 삼았던 것이다.

그는 아들이 하버드대학을 중퇴하고 사업을 하겠다고 했을 때도 흔쾌히 허락은 했지만 금전적으로 도움을 주지는 않았다.

빌 게이츠가 자산 80조 원에 이르는 세계 최고의 부자가 되어 자녀들에게 100억씩만 물려주겠다고 한 선언이 뉴스가 된 적이 있다. 하지만 빌의 아버지를 알면 이는 전혀 놀랄 일이 아니다. 빌 게이츠의 아버지는 부시 대통령이 상속세 폐지를 외쳤을 때 반대 운동을 펼친 사람이다. 빌 게이츠의 노블레스 오블리주에 대한 가치관은 아버지로부터 배운 것이다. 빌 게이츠는 공식적인 자리에서 아버지에게 이렇게 말했다.

> 아버지, 다음에 누군가 아버지에게 진짜 "그 빌 게이츠가 맞는지" 물어보면 "그렇다"고 대답하시기 바랍니다. 아버지는 또 한 사람의 빌 게이츠가 간절히 되고 싶어 하는 모든 걸 갖추신 분이니까요.[19]

자녀는 부모의 거울이다. 소꿉놀이를 하는 아이들을 관찰해보면, 아이들이 빈번하게 부모 역할을 한다는 것을 알 수 있다. 인형한테 야단을 치기도 하고 잘했다고 칭찬을 하기도 한다. 이것은 아무리 어린아이라도 부모가 어떤 모습을 보였는지 정확하게 기억하고 있다는 것을 의미한다. 아이들은 부모의 모든 언행과 태도를 보고 배운다. 그리고 배운 대로 자라는 존재가 바로 아이들이다.

원래부터 가지고 있는
능력의 불씨를 되살리는 것.
인간에 대한 공부가
자녀를 가장 잘 키우는
지름길이다!

당신은 이미
알고 있다

캐나다 오크리지 공립학교에
서는 일주일에 한 번씩 아기를 초대하는 이색 수업을 진행한다.
2013년 어느 날, 참관 수업에 초대되는 기회를 얻어 생생히 수업을
지켜볼 수 있었다.

엄마 나딘이 갓 100일 된 아기 타즈를 안고 교실에 들어서자 초
등학생들이 환영의 노래를 불렀다. 아기와 한 명씩 눈을 맞춘 뒤 본
격적인 수업이 시작됐다. 네모난 양탄자에 엄마와 아기, 선생님과
아이들이 빙 둘러 앉았다. 아기 타즈와 함께 새로운 4학년을 시작
하게 된 아이들은 엄마와 아기의 소개가 끝나자마자 부푼 마음으
로 선생님의 이야기에 귀를 기울였다.

〰️ 아이에게 배운다

"여러분, 아기 타즈가 교실에 들어왔을 때 어떤 기분이 들었나요?"
라며 선생님이 질문을 하자마자 수업 열기가 뜨거워졌다.

"혼란스러울 것 같아요." 그러자 선생님이 "네, 그럴 수도 있겠네
요. 아기한테는 새로운 곳이니까요. 또?" 하고 물었다.

"쑥스러울 것 같아요." "호기심을 느낄 것 같은데요." "좋아하는
것 같아요." 아이들의 대답이 끊이지 않는다.

캐나다의 교육학자 메리 고든(Mary Gordon) 박사는 오랫동안 공
감의 힘을 적용할 교육에 대해 고민했다. '친구의 감정도 나의 감정
처럼 소중하다고 생각하는 아이들이 많아진다면 아마도 또래 괴롭
힘은 설 자리가 없어지지 않을까?' 마침내 그는 방법을 찾아냈다.

감정 나누기를 핵심으로 하는 수업의 이름은 '공감의 뿌리'다. 이
새로운 교수법을 통해 따돌림 현상이 90%나 줄었고 아이들은 사
회적 이슈에 더 민감하게 반응했으며, 학업 성취도도 향상됐다. 메
리 고든이 주목한 것은 바로 아기에게 뻗어 나오는 공감의 힘이다.

다른 사람의 입장에서 생각해보고, 그 사람의 감정을 느껴보고, 그에
맞게 동기 부여가 된다면 공격성은 줄어들고 대신 친화력이 좋아지
게 됩니다. 공감의 뿌리 수업에 초대된 아기는 이 모든 의미 있는 일
을 할 수 있도록 도와주죠.

아이들은 타즈의 작은 행동에도 탄성을 질렀다. 그러고는 아기 엄마에게 질문을 쏟아냈다.

"걸을 수 있어요?" "아뇨, 걷지는 못해요." "소리 지르기는요?" "오, 소리는 지를 수 있어요. 특히 배고플 때요. 어쩌면 그 소리를 오늘 들을 수 있을지도 모르겠네요." 대답하는 아기 엄마도 아이들의 열띤 반응에 얼굴이 상기됐다.

"웃을 수는 있나요?" "멋진 질문이에요. 얼마 전부터 웃기 시작했답니다."

부모들은 당연히 자신의 아이가 하는 행동을 쉽게 해석해낼 수 있다. 하지만 아이들에게 이것은 전혀 새로운 생각의 틀을 요구한다. 평소 접하지 못했던 아기를 이해하기 위해서는 더 많이 상상해야 하는 만큼 적극적인 두뇌 활동이 필요하다. 지금 아이들의 두뇌 속 감정 영역에서 무슨 일이 일어나고 있는지는, 자발적으로 손을 들어 질문하는 아이들의 태도에서 이미 드러나고 있다.

그렇다면 학생들은 수업의 의도를 알고 있을까? 학생들은 아기를 선생님이라고 부른다. 아이들에게 그 이유를 물었다. "우리에게 남의 기분을 이해할 수 있도록 가르쳐주기 때문이에요. 왜냐하면 제가 아기였을 때 어땠을지에 대해 가르쳐주니까요."

공감의 뿌리 수업에 참여하는 아이들은 처음에는 자신이 무언가를 배우고 있다는 것조차 모른다고 한다. 그저 아기가 자라는 과정에 대해 이야기하고 있다고만 믿는 것이다. 그러나 프로그램이 끝나갈 무렵에는 나름대로 무언가를 깨닫는다.

예를 들어 아기가 일어서려다 넘어지고 다시 일어서는 과정을 보면서 단지 걸음마 연습이 아니라 좌절에 대처하는 게 얼마나 중요하며, 결국 아기가 그 과정을 해냈다는 것을 알게 된다. 성장과 삶의 한 단면이다.

≈≈≈ 세상에서 가장 아름다운 드라마

교실은 아기와 부모가 만들어가는 끈끈한 관계, 즉 애착이 생생하게 일어나는 공간으로 변했다. 특히 엄마와 아기의 애착은 공감의 좋은 모델이다. 생후 100일 전후의 아기들을 초대하는 것도 바로 이 때문이다.

한 학생이 물었다. "부모가 되면 재밌나요?" 엄마는 짧은 말로 부모가 된다는 것이 무엇을 의미하는지 설명했다. "하루 24시간 중 순수하게 즐거운 시간은 15분이고, 나머지 23시간 45분은 아주 힘들어요."

아이들은 정확히 기억하지는 못해도 아기와 엄마의 관계를 보면서 자신들의 어린 시절을 떠올렸다. 특히 아기의 어떤 요구에도 일관되고 따뜻하게 다가가는 부모의 헌신과 부모가 아기의 감정과 행동에 얼마나 세심하게 반응하는지를 목격하면서, 자신이 성장하기까지 부모가 늘 곁에 있었다는 사실을 깨닫는다.

아기와 부모의 이런 행동을 보면서, 아이들은 자기 역시 도움이 필요하면 언제든지 엄마와 아빠로부터 도움을 받을 수 있다는 메시지를 얻는다. 공감의 뿌리 수업이 진행되면서 아이들 사이에 친절하게 서로를 돕는 분위기가 자리하는 것도 이런 암묵적인 학습이 있기 때문에 가능한 일이다.

아이들에게 부모가 아기를 따뜻하게 감싸 키우는 모습을 보여주면, 이 아이들이 나중에 아기를 낳아 기를 때 보고 배운 대로 자신의 아기를 키울 가능성이 높습니다. 백 마디 훈계보다 가치가 있죠.

공감의 뿌리 프로그램을 만든 메리 고든의 말처럼 아기를 키우는 부모의 모습을 보는 것은 역할 모델을 학습하는 것과 같은 효과를 낸다.

프로그램이 끝나갈 무렵 아기 어머니와 이야기를 나눴는데, 어머니는 공감의 뿌리 프로그램에 매우 호의적이셨어요. 그 어머니는 그냥 와서 시간을 보냈을 뿐이었다고 말했지만, 저는 "아기의 방문이 얼마나 강력한지 잘 모르시는군요"라고 했죠.

공감의 뿌리 수업을 진행한 크리스토퍼 로리 교사의 말처럼 수업에 참여한 부모들도 아이들 못지않게 놀라운 경험을 한다. 따돌림을 받아 친구가 없던 아이가 반 친구들의 생일 파티에 초대를 받고, 남을 괴롭히던 아이가 오히려 자신과 같은 행동을 하는 아이를 혼내주는 모습을 보면서 부모들 역시 가슴이 뭉클해졌다고 한다.

교사가 아이들이 변해가는 과정을 보며 교사의 역할에 대해 다시 생각해보는 것처럼, 부모들도 아이들이 가진 무한한 힘을 확인하면서 아이를 대하는 태도가 완전히 바뀌는 새로운 경험을 한다.

≈≈ 다시 인간에 대해 생각한다

공감의 뿌리 수업은 1년이 되면, 즉 아기가 첫돌을 넘길 무렵이면 종료되고 새학기가 되면 또 다른 아기와 수업을 시작한다. 그래서 마지막 수업 때 꼭 거치는 과정이 있다. 바로 '소망나무'에 아기에게 줄 메모를 작성하는 일이다.

"아기 메이가 무럭무럭 자라서 공부를 잘하고, 나중에 공감의 뿌리 수업을 듣는 것." "훌륭한 삶을 사는 것." "언제나 웃는 날만 있길."

소망나무에 적은 아이들의 작은 메모는 모두에게 훈훈한 감동을 준다. 마치 부모가 아이에게 남긴 메시지 같다는 착각마저 든다.

이 지점에서 부모와 아이는 같은 인간으로 만난다. 아이도 한때는 아기였고, 부모도 한때는 아이였고 아기였다. 처음부터 잘 걷지 못한다고 야단치는 부모는 없다. 야단을 친다고 갑자기 잘 걷는 것도 아니다. 때가 되면 아이들은 그 어려운 일을 해낸다. 쉼 없이 노력하고 무수한 실패를 거듭하며 마침내 두 발로 일어서 걷기 시작한다.

부모가 일정한 시간을 거치며 훌륭한 어른이 되었듯이, 아이들도 꼭 거쳐야 하는 시간이 있다. 프로그램에 참여한 아이들도 아기들에게 그런 시간이 필요하다는 것을 안다. 결국 우리는 모두 알고 있다. 다시 인간에 대해 생각하고 가슴 뭉클함을 느꼈다면 몰랐던 게 아니라 잊고 있었던 것이다.

주석

____ 프롤로그

1   크레이그 킬버거·마크 킬버거·셸리 페이지,『세상은 당신의 아이를 원한다』, 이순주 역, 에이지21, 2011.

2   유안진,『위인과 천재는 어머니가 만든다』, 다시, 2006.

3   스티브 워즈니악,『스티브 워즈니악』, 장석훈 역, 청림출판, 2008.

4   류쉬에,『살아 있는 심리학 이야기』, 허진아 역, 글담출판, 2014.

5   빌 게이츠 시니어·메리 앤 매킨,『빌 게이츠는 어떻게 자랐을까?』이수정 역, 국일미디어, 2015.

____ 1부

1   김호철,『음악가들의 초대』, 구름서재, 2014.

2   앤더스 에릭슨·로버트 풀,『1만 시간의 재발견』, 강혜정 역, 비즈니스북스, 2016.

3   라인홀트 하르트만,『모차르트』, 이희승 역, 생각의나무, 2009.

4   크리스토프 드뢰서,『음악 본능』, 전대호 역, 해나무, 2015.

5   잭 안드라카·매슈 리시아크,『세상을 바꾼 십대, 잭 안드라카 이야기』, 이영아 역, 알에이치코리아, 2015.

6   잭 안드라카, 매슈 리시아크,『세상을 바꾼 십대, 잭 안드라카 이야기』, 이영

아 역, 알에이치코리아, 2015; 잭 안드라카, 2014 서울디지털포럼 강연.

7 김이진, 『미래를 지배한 빌 게이츠』, 자음과모음, 2012.

8 이창훈, 『잡스처럼 꿈꾸고 게이츠처럼 이뤄라』, 머니플러스, 2010.

9 래리 킹, 『대화의 신』, 강서일 역, 위즈덤하우스, 2015.

10 러셀 프리드먼, 『대통령이 된 통나무집 소년 링컨』, 손정숙 역, 비룡소, 2009.

11 윌리엄 오말리, 『마음껏 꿈을 펼쳐라』, 강은영 역, 두날개, 2010.

12 "저커버그, 딸을 위해 페북 지분 99% 기부", 한겨레, 2015. 12. 2.

13 레이프 에스퀴스, 『아이 머리에 불을 댕겨라』, 박인균 역, 추수밭, 2010.

14 EBS 퍼펙트 베이비 제작팀, 『EBS 다큐 프라임 퍼펙트 베이비』, 와이즈베리, 2013.

15 최인철, "Who am I 행복에 관하여", 플라톤아카데미 강연, 2015.

16 윌리엄 오말리, 『마음껏 꿈을 펼쳐라』, 강은영 역, 두날개, 2010.

17 조수철, 『베토벤의 삶과 음악세계』, 서울대학교출판부, 2002.

18 이창훈, 『잡스처럼 꿈꾸고 게이츠처럼 이뤄라』, 머니플러스, 2010.

19 "가수 꿈 접고 현재 직업은 무엇?", 시민일보, 2017. 7. 30.

20 "가수 이소은 아버지의 자녀교육 방법은 '방목형'", 매일경제, 2017. 9. 2.

21 차동옥 외, 『라이벌 리더십』, 크레듀하우, 2007; 다니엘 핑크, 『드라이브』, 김주환 역, 청림출판, 2011.

22 리즈 와이즈먼·그렉 맥커운, 『멀티플라이어』, 최정인 역, 한국경제신문, 2012.

____ 2부

1   스티븐 킹, 『유혹하는 글쓰기』, 김진준 역, 김영사, 2002.

2   이창훈, 『잡스처럼 꿈꾸고 게이츠처럼 이뤄라』, 머니플러스, 2010.

3   제인 구달, 『제인구달: 침팬지와 함께한 나의 인생』, 박순영 역, 사이언스북
     스, 2014.

4   제인 구달, 『제인구달: 침팬지와 함께한 나의 인생』, 박순영 역, 사이언스북
     스, 2014.

5   하인리히 슐리만, 『하인리히 슐리만 자서전』, 김병모 역, 일빛, 2004.

6   박민미, 『청소년이 알아야 할 세기의 리더 50인 1』, 신원문화사, 2003.

7   이창호, 『이창호의 부득탐승』, 라이프맵, 2011.

8   유안진, 『위인과 천재는 어머니가 만든다』, 다시, 2006.

9   EBS 지식채널e, 〈최초의 교실〉, EBS, 2015.

10   "간호사 출신 베스트셀러 작가 정유정을 만나다", 우먼센스, 2013. 8월호.

11   크레이그 킬버거·마크 킬버거·셸리 페이지, 『세상은 당신의 아이를 원한다』,
     이순주 역, 에이지21, 2011.

12   버트런드 러셀, 『게으름에 대한 찬양』, 송은경 역, 사회평론, 2005.

13   이임숙, 『엄마의 말 공부』, 카시오페아, 2015.

14   이민화, 『4차 산업혁명으로 가는 길』, 창조경제연구회, 2016.

15   말레네 뤼달, 『덴마크 사람들처럼』, 강현주 역, 마일스톤, 2015.

16   "새로운 아이디어 접했다면… WHY 대신 WHY NOT 질문하라", 매일경제,

2015. 10. 2.

17 에이미 윌킨슨, 『크리에이터 코드』, 김고명 역, 비즈니스북스, 2015.

18 가와시마 고타로, 『야나이 다다시, 유니클로 이야기』, 양영철 역, 비즈니스북스, 2010.

19 "창의적인 아이를 원하는가? '질문하는 법'을 가르쳐라", 조선비즈, 2015. 10. 27.

_____ **3부**

1 마크 트웨인, 『톰 소여의 모험』, 정설아 편, 아이세움, 2008; 마크 트웨인, 『톰 소여의 모험』, 지경사, 2010.

2 알프레드 아들러, 『인생에 지지 않을 용기』, 박미정 역, 와이즈베리, 2014.

3 EBS 다큐 프라임, 〈마더쇼크 2부 엄마의 뇌 속에 아이가 있다〉, EBS, 2011.

4 김세직·류근관, 「학생 잠재력인가? 부모 경제력인가?」, 『경제논집』, 서울대 경제연구소, 2016년 1월.

5 "과학·영재고 학생, 대학 3학년 되면 일반고에 밀린다", 조선일보, 2017. 7. 12.

6 EBS 다큐 프라임, 〈마더쇼크 2부 엄마의 뇌 속에 아이가 있다〉, EBS, 2011.

7 문무경, 『한국인의 부모됨 인식과 자녀양육관 연구』, 육아정책연구소, 2016.

8   EBS 퍼펙트 베이비 제작팀, 『EBS 다큐 프라임 퍼펙트 베이비』, 와이즈베리, 2013.

9   도리스 페이버, 『대통령의 어머니들』, 박윤돈 역, 문지사, 2006.

10 "자녀교육, 다양한 경험에서 길을 찾다-스타 크리에이터 양띵 & 엄마 서명희 씨", 주간조선, 2015. 6. 15.; "'양띵' 아프리카 TV BJ '나는야 게임 대통령'", ZDNET, 2013. 2. 17.

11 스티브 워즈니악·지나 스미스, 『스티브 워즈니악』, 장석훈 역, 청림출판, 2008.

12 나가에 세이지, 『아들러가 전하는 행복을 위한 77가지 교훈』, 한진아 역, 경향BP, 2016.

13 류쉬에, 『살아 있는 심리학 이야기』, 허진아 역, 글담출판, 2014.

14 EBS 어머니전, 〈4회 창의성을 묻다-광고인 박웅현의 어머니〉, EBS, 2012.

15 예카테리나 월터, 『저커버그처럼 생각하라』, 황숙혜 역, 청림출판, 2013.

16 "한강 어머니 '남편 글은 수월하고 딸의 글은 어렵다'", 연합뉴스, 2016. 6. 1.

17 박지성, 『멈추지 않는 도전』, 랜덤하우스코리아, 2006.

18 박민미, 『세기의 리더 50인 2』, 신원문화사, 2003; 시공 디스커버리 총서 편집부, 『세잔 사과 하나로 시작된 현대미술』. 시공사, 1996.

19 페터 뵈르너, 『괴테』, 송동준 역, 한길사, 1998.

20 T. J 리드, 『괴테』, 이종인 역, 시공사, 2001.

21 요한 볼프강 폰 괴테, 『괴테 자서전 시와 진실』, 전영애 역, 민음사, 2009.

22 말레네 뤼달, 『덴마크 사람들처럼』, 강현주 역, 마일스톤, 2015.

23 짐 캐리, "2014년 마하리쉬 대학 졸업 축사", 21014.

24 다니엘 핑크, 『드라이브』, 김주환 역, 청림출판, 2011.

_____ 4부

1 로버트 댈럭, 『케네디 평전1, 2』, 정초능 역, 푸른숲, 2007.

2 로버트 댈럭, 『케네디 평전1, 2』, 정초능 역, 푸른숲, 2007.

3 최효찬, 『세계 명문가의 자녀교육』, 예담, 2006.

4 유안진, 『위인과 천재는 어머니가 만든다』, 다시, 2006.

5 최효찬, 『세계 명문가의 자녀교육』, 예담, 2006

6 로버트 댈럭, 『케네디 평전1, 2』, 정초능 역, 푸른숲, 2007.

7 최효찬, 『세계 명문가의 자녀교육』, 예담, 2006.

8 김별아, 『스크린의 독재자, 찰리 채플린』, 자음과모음, 2012; 유안진, 『위인과 천재는 어머니가 만든다』, 다시, 2006.

9 데이비드 엘킨드, 『기다리는 부모가 큰 아이를 만든다』, 한스미디어, 2008.

10 박민미, 『세기의 리더 50인 2』, 신원문화사, 2003.

11 박민미, 『세기의 리더 50인 2』, 신원문화사, 2003.

12 유안진, 『위인과 천재는 어머니가 만든다』, 다시, 2006.

13 EBS 다큐 프라임, 〈아이의 사생활 3부 자아존중감〉, EBS, 2008.

294

14 KBS 휴먼다큐, 〈사미인곡, 오르지 못할 산은 없다〉, KBS, 2008.

15 김성춘, 『백악관으로 간 맹인소년 강영우』, 생명의말씀사, 2017.

16 구로다 다쓰히코, 『멋지다 다나카』, 김향 역, 디자인하우스, 2003.

17 김종년, 『작업복을 입고 노벨상을 탄 아저씨』, 보물섬, 2003.

18 최효찬, 『세계 명문가의 자녀교육』, 예담, 2006.

19 빌 게이츠 시니어·메리 앤 매킨, 『빌 게이츠는 어떻게 자랐을까?』, 이수정 역,
국일미디어, 2016.

KI신서 7298

부모라면 그들처럼
아이를 1% 인재로 키운 평범한 부모들의 특별한 교육법

1판 1쇄 인쇄 2018년 1월 25일
1판 2쇄 발행 2018년 3월 19일

지은이 김민태
펴낸이 김영곤
펴낸곳 (주)북이십일 21세기북스

정보개발본부장 정지은 **인문기획팀장** 장보라 **책임편집** 윤홍
디자인 [★]규
출판영업팀 이경희 권오권
출판마케팅팀 김홍선 최성환 배상현 신혜진 김선영 나은경
홍보기획팀 이혜연 최수아 김미임 박혜림 문소라 전효은 염진아
제작팀 이영민

출판등록 2000년 5월 6일 제10-1965호
주소 (10881) 경기도 파주시 회동길 201 (문발동)
대표전화 031-955-2100 **팩스** 031-955-2151 **이메일** book21@book21.co.kr
페이스북 facebook.com/21cbooks **블로그** b.book21.com
인스타그램 instagram.com/21cbooks **홈페이지** www.book21.com

ⓒ 김민태, 2018
ISBN 978-89-509-7345-2 13590